美丽布生活
1
廖娟·著
U0212797

MEILI
BU
SHENGHUO

To see world in a grain of sa
And a heaven in a wild flowe
Hold infinity in the palm of you
And etemity in a hour
送
精美图纸

目录

Contents

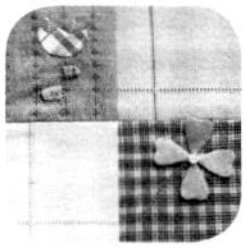

雏菊天使
抱枕

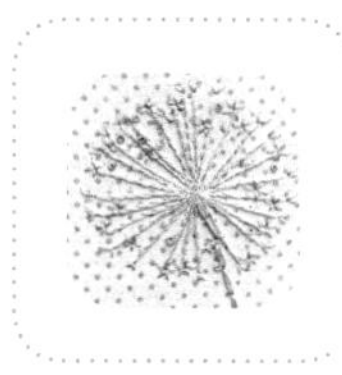

当归花天
使的地毯

二月女孩
相框

繁花灯罩

落花家居鞋

天使妈妈的
围裙

野花刺绣

幸运草的儿
童围裙

祖母花园
大被子

BREAD

小时候搬过几次家，从一片虞美人的地方搬到一片青草地，又搬到桉树林，最后家固定在阳台小花园里。我的小小的房间里面铺着紫色的玉兰花床单和被子，枕头也是淡紫色的，我的少女时期就在这样淡淡紫色的温柔包围下慢慢长大。走在寒冷的冬天，孤独的走在欧式路灯的绿色园林，踩着被雨水打落的芒果花，沿着那片淡黄色我又走了回来。直到三十岁的时候我才有了属于自己的房子。在高高的楼房里面，有一个温暖温馨的地方就是你们看见的我的家。一眼望出去除了房子就是夹杂在这些建筑之间的绿，应着季节，开过了春天的四叶草，迎来初夏的鸢尾花，盛夏是满园的栀子花芬芳，交织着变化无常的紫阳花……幸福的生活从有一个温暖的家开始，我用多年累积的布料拼接了许许多多的幸福，然后再把她们组合在一起。有给父母的感恩，有给孩子的期望，还有对爱人的祝福……我把我喜欢的一切美好事物都记录在我的布艺日记里面，常常感动流下泪来，笑了，又再次流下感动的泪水。每次轻轻推开房门，就会立刻被温暖的淡淡肉粉色包围，阳光轻轻洒在我的那些精美手工作品上面，有客厅的家园天使，厨房的天使娃娃，卧室的天使灯罩，玩具房的天使玩偶……到处都有天使护佑我的温暖家园。从我有这么多的天使护佑开始，每天都坐在这个温馨的家园，开始每一天的工作和设计。欢迎你来我的家，我们一起谈论这么多的有趣故事，一起做手工，做一个护佑你的温馨家园的天使吧！

JAN

2012-3-18

TOOLS 制作工具

花　边

绣线和压线

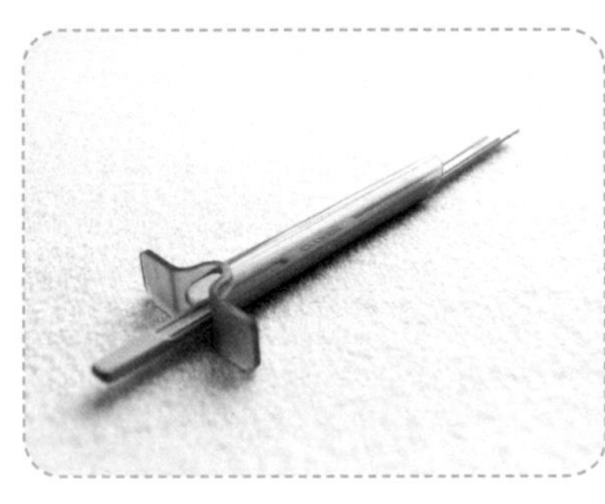

小号塞棉工具

水解笔

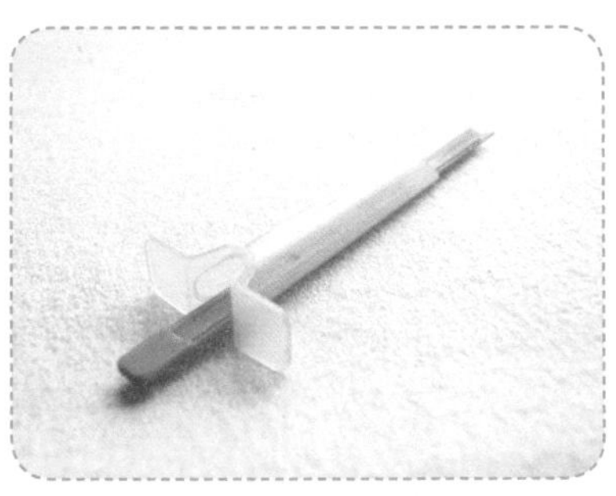

大号塞棉工具

剪布剪刀

花边剪

小剪刀

花瓣形固定针

针　插

PP棉

各式布料

各色不织布

卷　尺

4

Homes

家园壁饰

[illegible]

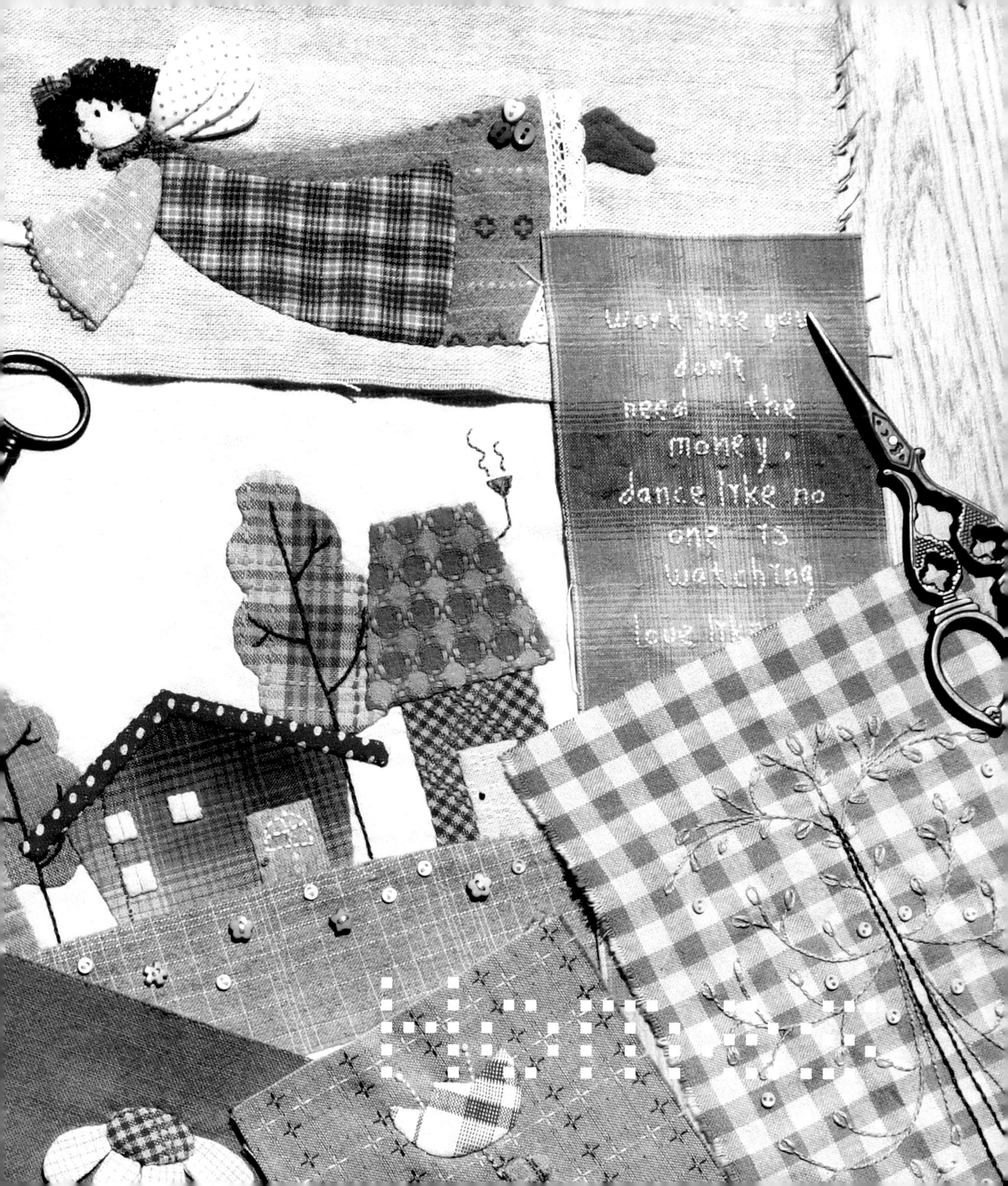

work lyke you
don't
need the
money,
dance lyke no
one is
watching
love

work like you
don't
need the
money,
dance like no
one is
watching
love like you
have
naver been
hurt

家园壁饰

所需材料：

画框一只（大小可以根据纸型购买），主体布料：天蓝棉麻，淡绿棉麻，肉粉棉麻，灰底白水玉棉麻，米白野木棉，咖啡色格子先染布料，淡黄色色织格子，灰紫色色织格子棉布，枣红色色织格子棉布，深蓝野木棉，粉色色织布料，淡绿色色织布料，米白色色织布料，装饰扣子，各色布料各少许，各色绣线各少许，铜钥匙三把。

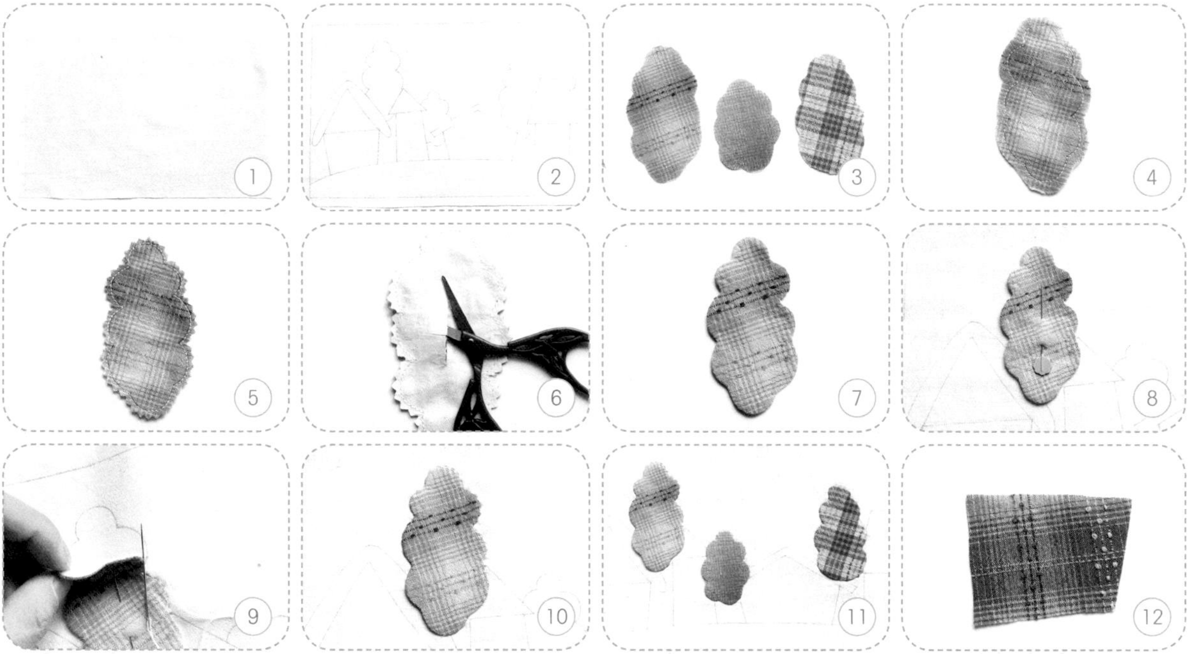

1 2 3 4
5 6 7 8
9 10 11 12

制作过程

1.准备一块米白色的野木棉。
2.在布料上画上需要拼贴的图案。
3.用绿色系布料剪裁三棵树需要的布料。
4.加一层底布车缝固定好。
5.多余布边用花边剪剪去。
6.用小剪刀在背面剪一开口。
7.从开口处把布料翻出来。
8.用固定针把树固定在底布上。
9.接着用藏针缝贴缝。
10.照图示贴缝好一棵树。
11.接着贴缝上另外两棵树。
12.剪裁一块咖啡色的布料。

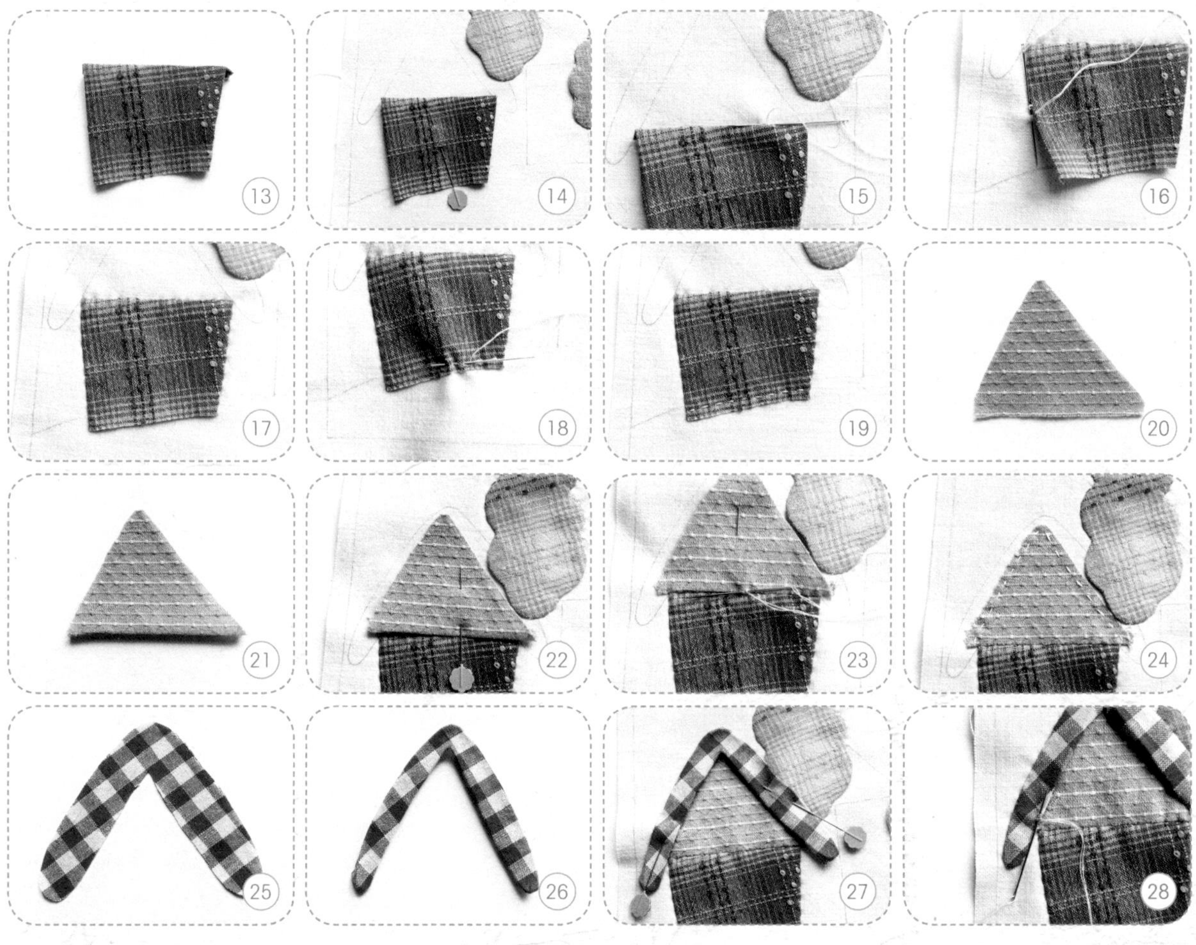

13.把布料的边照图示折好。
14.用固定针固定住折好的布料。
15.接着用藏针缝贴缝。
16.照图示保持布料平整慢慢贴缝。
17.贴缝好的布料。
18.底部用平伏针绣固定好。
19.照图示贴缝好布料。
20.剪裁贴缝房顶需要的布料。

21.先把三角形的底边布料朝里折好。
22.然后用固定针固定在布面。
23.藏针缝贴缝图示部位。
24.另外两边疏缝固定在布料上。
25.剪裁房顶需要的布料。
26.照图示折好布料。
27.然后用两颗固定针固定好。
28.接着用藏针缝贴缝。

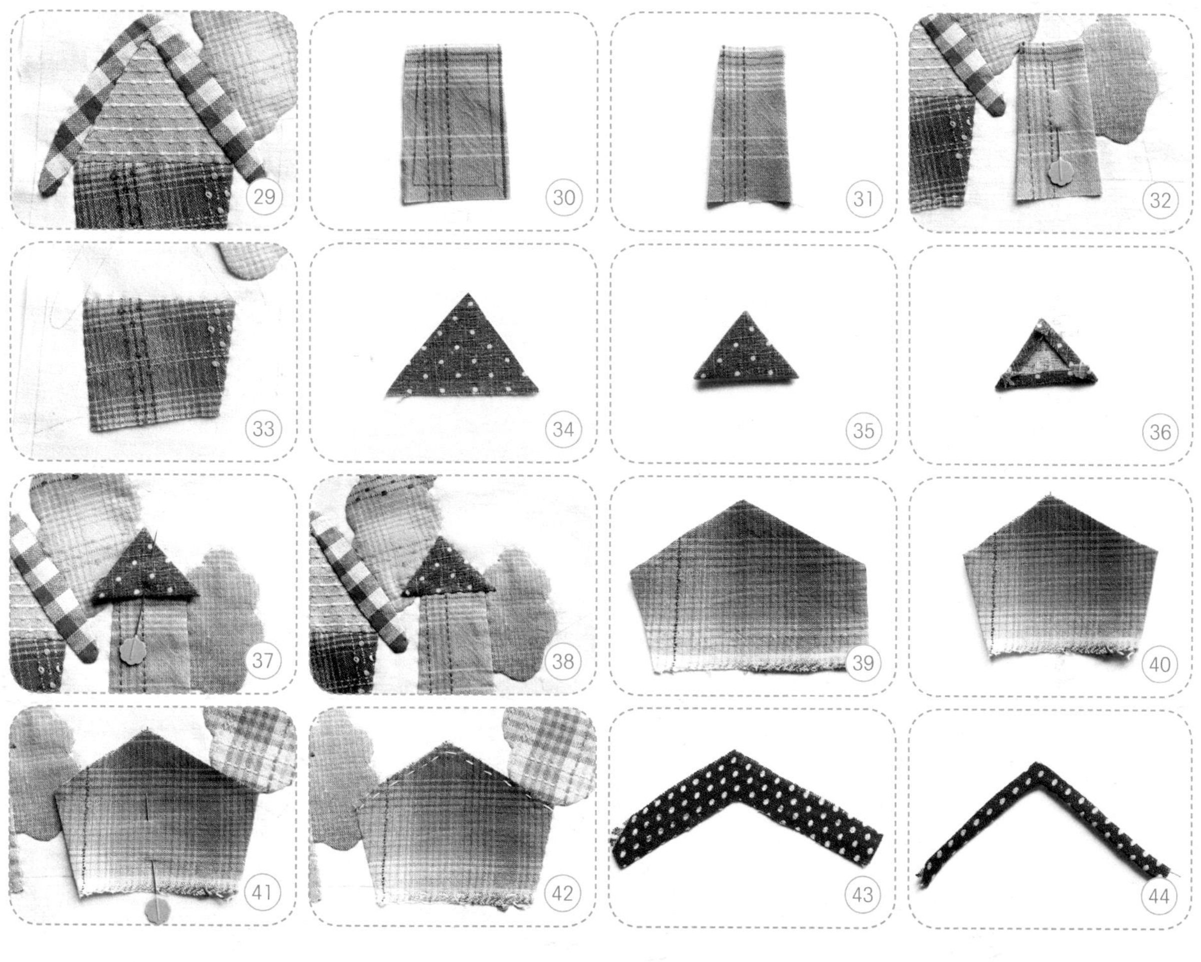

29.照图示贴缝好房项。
30.剪裁一块粉色的布料。
31.把布料的两边都折好。
32.接着固定好布料。
33.然后照图示贴缝好粉色布料。
34.剪裁一块灰紫色的棉麻。
35.把三边的布料都朝里折好。
36.折好的布料的背面。
37.用固定针固定好房项。
38.照图示贴缝好房项。
39.剪一块贴缝房子需要的布料。
40.把布料的两边朝里折好。
41.用固定针把房子固定好。
42.房项处疏缝好。
43.用红色布料剪裁贴缝房项需要的布料。
44.照图示折好房项。

45.接着用藏针缝贴缝房顶。
46.贴缝好了红顶屋。
47.剪裁一块枣红色的格子布料。
48.照图示折好布料。
49.接着用固定针固定住。
50.底部照图示疏缝好。
51.剪裁贴缝房顶需要的布料。
52.贴缝好房子的屋顶。
53.一排小房子就贴缝好了。
54.剪裁一块米白色的花布。
55.把三边的布料都朝里折好。
56.用固定针固定好房子的门。
57.照图示贴缝好房子的门。
58.剪裁另外三道门需要的布料。
59.照图示贴缝好另外三道门。
60.剪裁一块绿色的布料作为草坪。

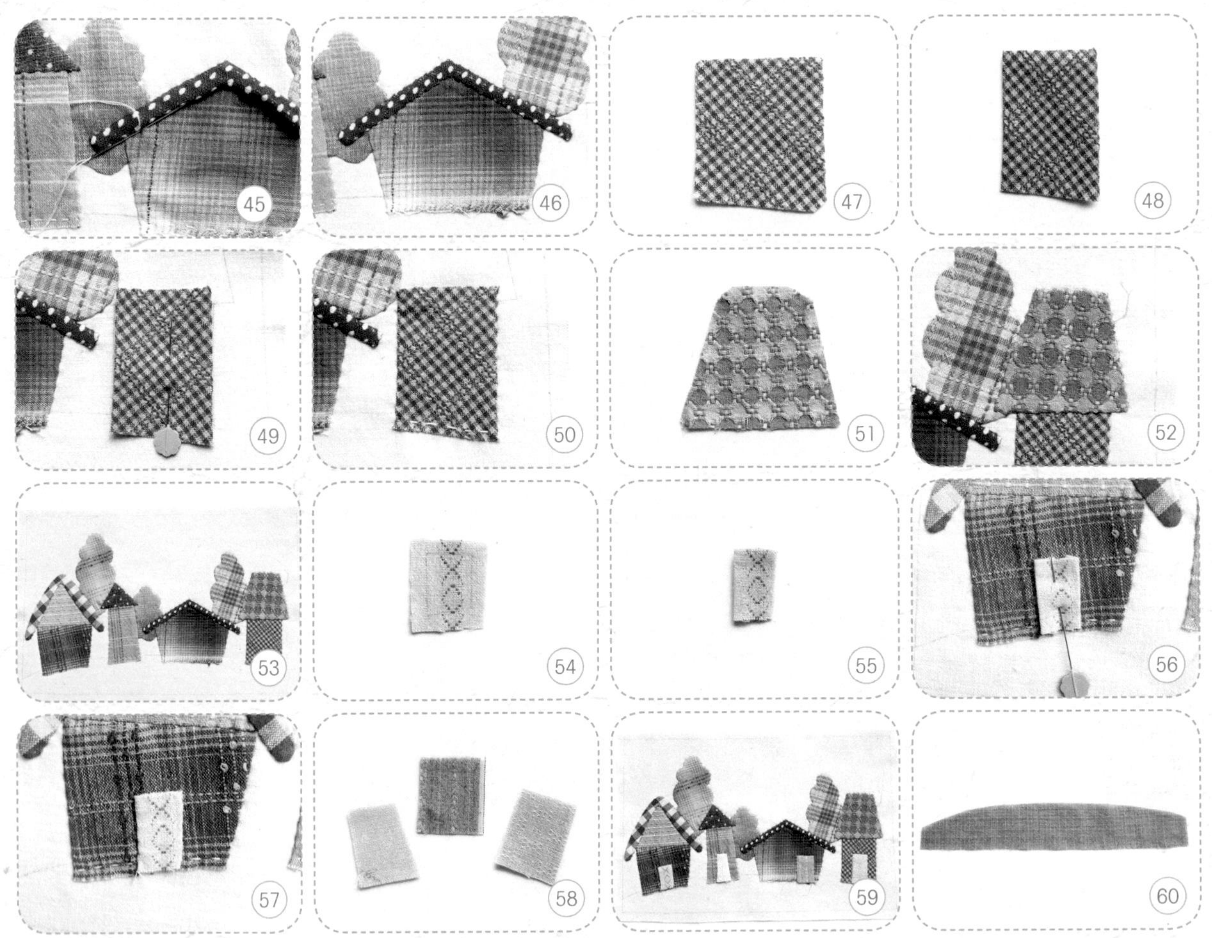

61.照图示折好布料的边。
62.先用固定针固定好布料。
63.然后用藏针缝贴缝。
64.保持平整贴缝好草坪。
65.剪裁贴缝窗子需要的布料。
66.把窗子布料折好。
67.用藏针缝贴缝窗子。
68.照图示贴缝好窗子。
69.接着贴缝另一个窗户。
70.照图示贴缝好其余房子的窗户。
71.用838号绣线在布料上出针。
72.在布面做轮廓刺绣。
73.把线拉出来。
74.再次照图示回针。
75.再把线拉出来。
76.用轮廓绣绣好整棵树的枝干。

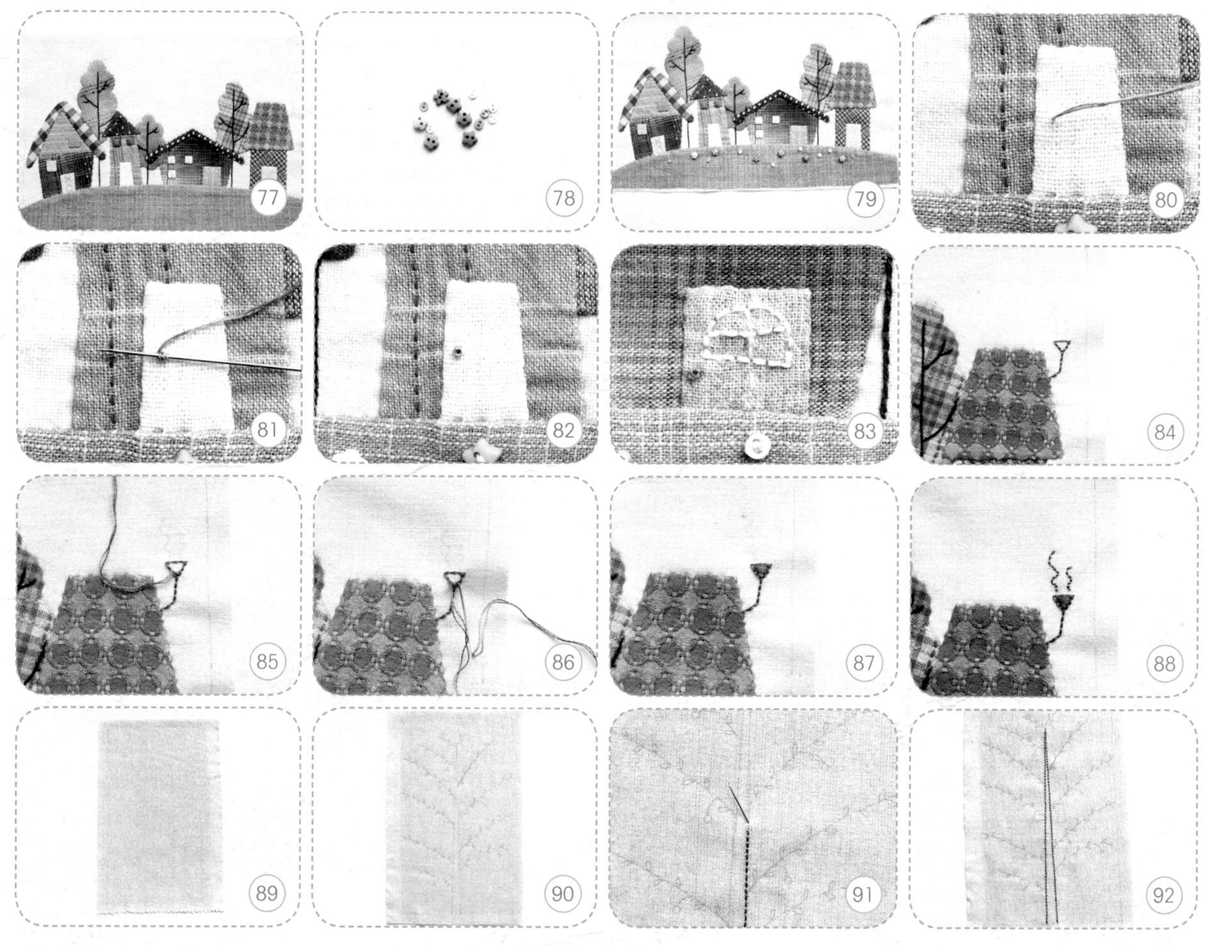

77.接着用同样的方法绣好另外两棵树。
78.准备一些造型扣子。
79.把扣子缝到草坪上。
80.用156号绣线在布面出针。
81.紧贴布料在针上绕两圈。
82.然后垂直入针做一针结粒绣。
83.另外的门上绣上窗户和门把手。
84.3760号绣线回针绣绣出烟囱。
85.接着用缎面绣开始填补。
86.一针紧挨一针进行刺绣。
87.照图示绣好烟囱。
88.接着用3807号绣线回针绣绣出烟。
89.剪裁一块淡绿色的棉麻。
90.在布料上画上要刺绣的图案。
91.用3031号绣线回针绣制作树干。
92.照图示绣好树干。

93.接着用3807号绣线绣出树枝，3760号绣线绣出叶片。
94.用回针绣绣出挂果的枝。
95.在枝条上缝上红色的扣子进行装饰。
96.剪裁一块咖啡色的布料。
97.在布料上写上要刺绣的英文。
98.用3865号绣线在布面出针。
99.照图示方式入针。
100.接着再次出针。
101.回针到第一针的尾部入针。
102.一针回针绣就制作好了。
103.用回针绣绣好所有的英文字母。
104.用347号绣线直针绣绣红心。
105.绣好的一颗小心。
106.绣一排红色的小心。
107.剪裁一块灰紫色色织格子布料。
108.在布面画上要刺绣的图案。

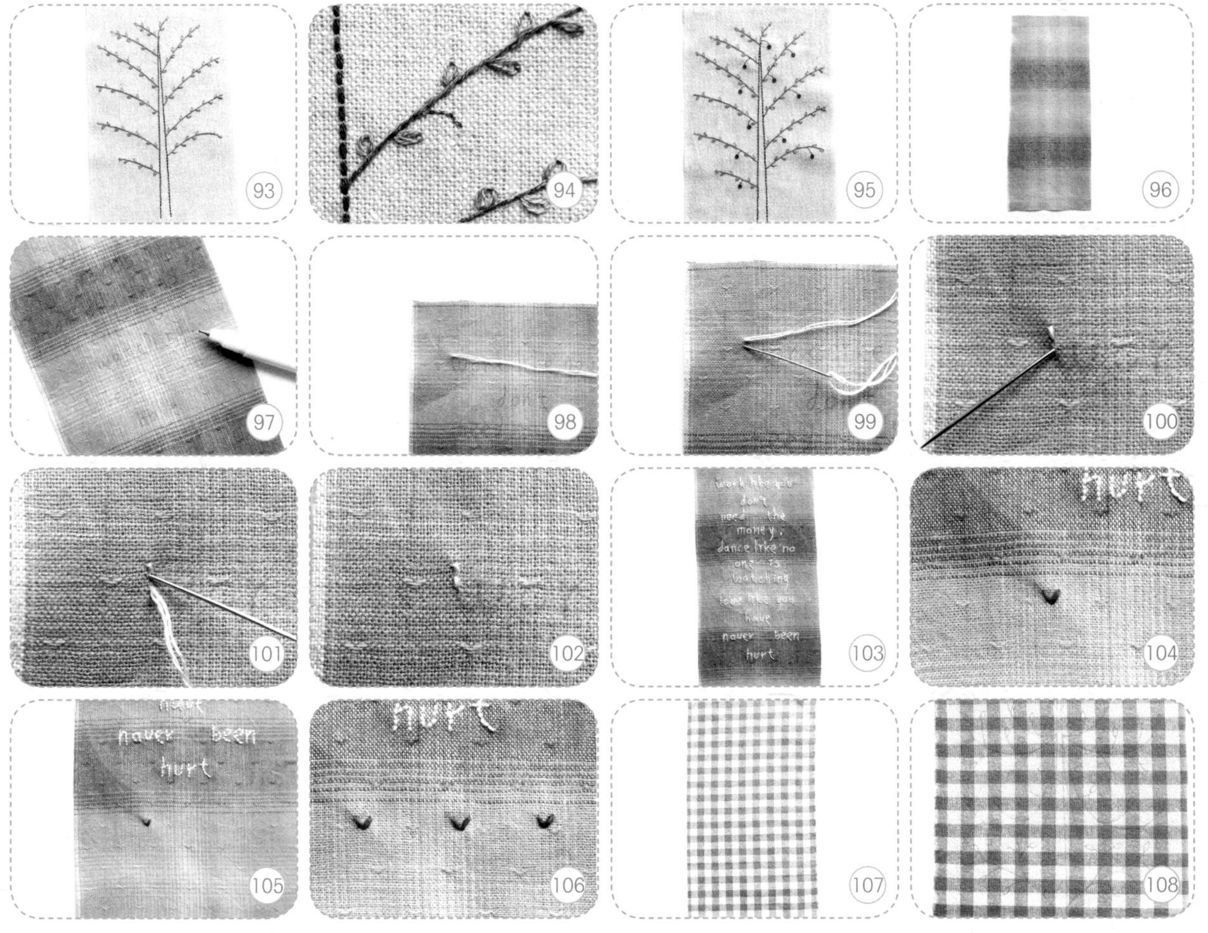

109.刺绣的图案注意要两边对称，先用3031号绣线回针绣绣出树干。
110.接着用3052号绣线轮廓绣绣出树枝。
111.然后用3813号绣线菊叶绣绣出树上的叶子。
112.最后装点上淡粉色的扣子。
113.剪裁一块淡黄色色织格子布料。
114.剪裁一块贴缝小羊面部需要的布料。
115.照图示折好布料。
116.用固定针固定好布料。
117.用藏针缝贴缝小羊的面部。
118.照图示贴缝好小羊的面部。
119.剪裁小羊的尾巴需要的布料。
120.把布料照图示折好。
121.用固定针固定好小羊的尾巴。
122.接着用藏针缝贴缝好。
123.剪裁一块红色的印花布。
124.剪裁贴缝小羊身体需要的布料。

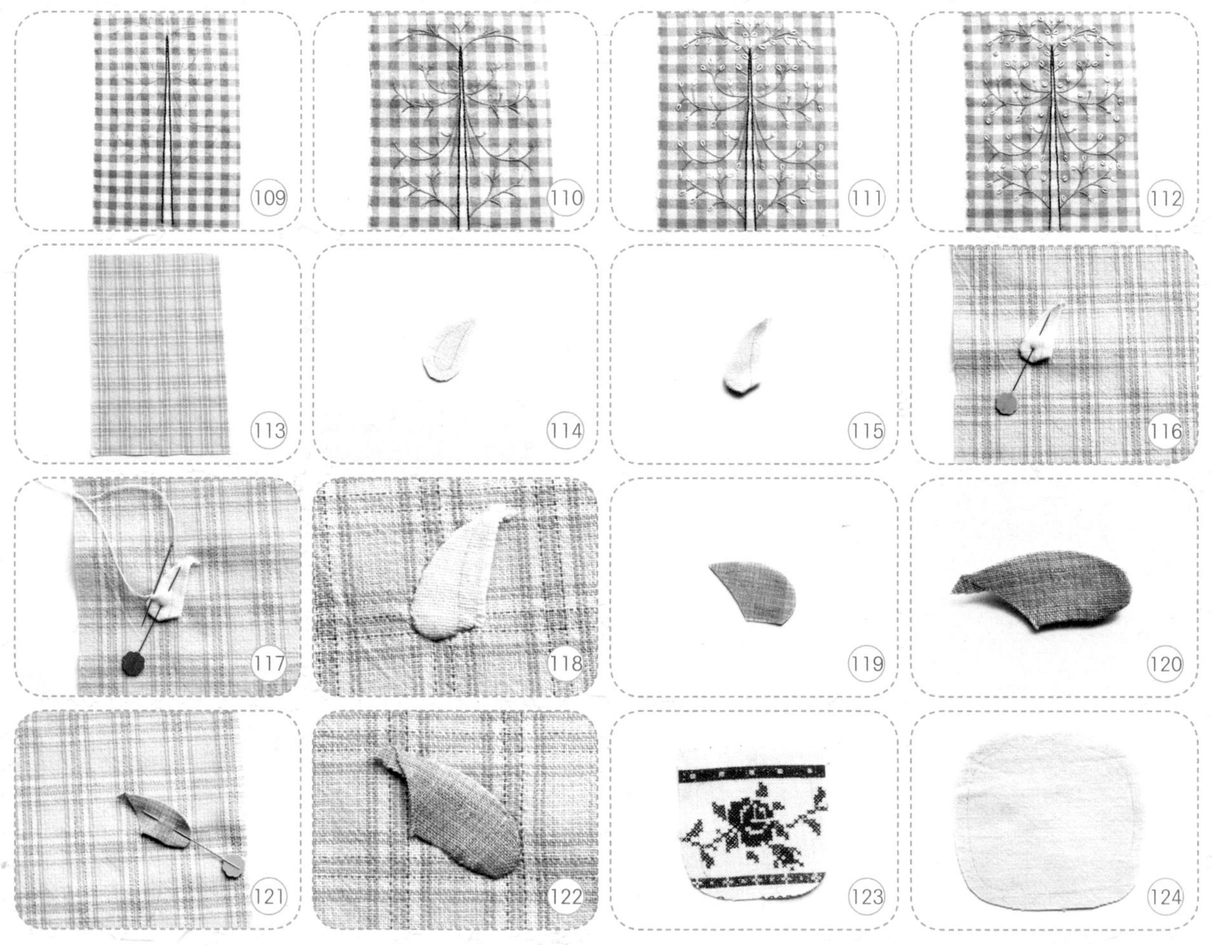

125.在布料上画上要贴缝装饰的图案位置。
126.用藏针缝贴缝装饰。
127.照图示贴缝好装饰。
128.用304号绣线在毯子旁边进行刺绣。
129.出针把线圈压住。
130.接着把线拉出来套住线圈。
131.入针把线圈固定住。
132.照图示制作刺绣。
133.围绕毯子刺绣一圈。
134.加一层底布车缝好。
135.背面的布料剪一个开口。
136.从背面的返口把小羊翻出来。
137.用固定针固定住小羊的身体。
138.用藏针缝贴缝好小羊的身体。
139.用3031号绣线回针绣绣出小羊的脚。
140.用3713号绣线回针绣绣出小羊的耳朵。

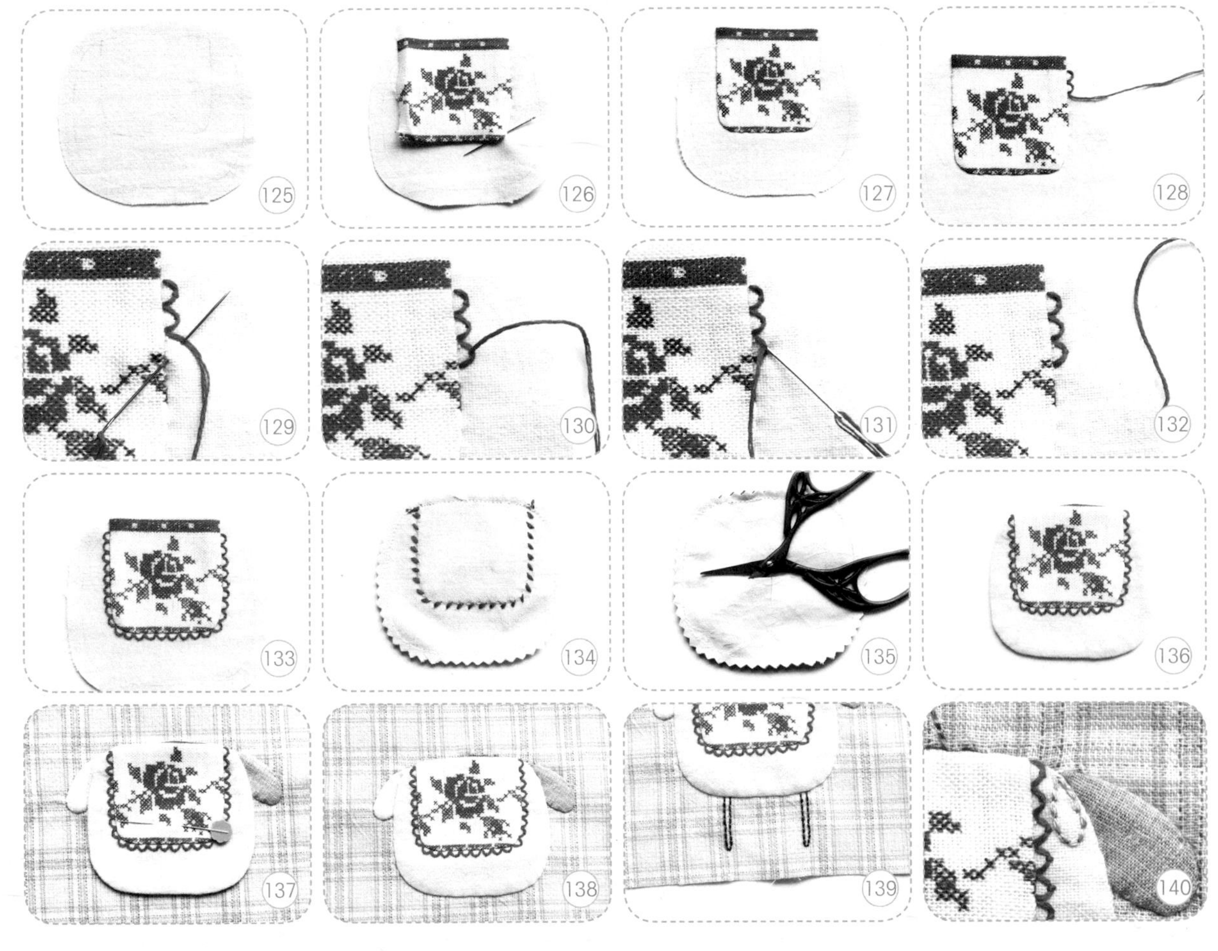

money
dance like no
one is
watching
love like you
have
never been
hurt
HOME

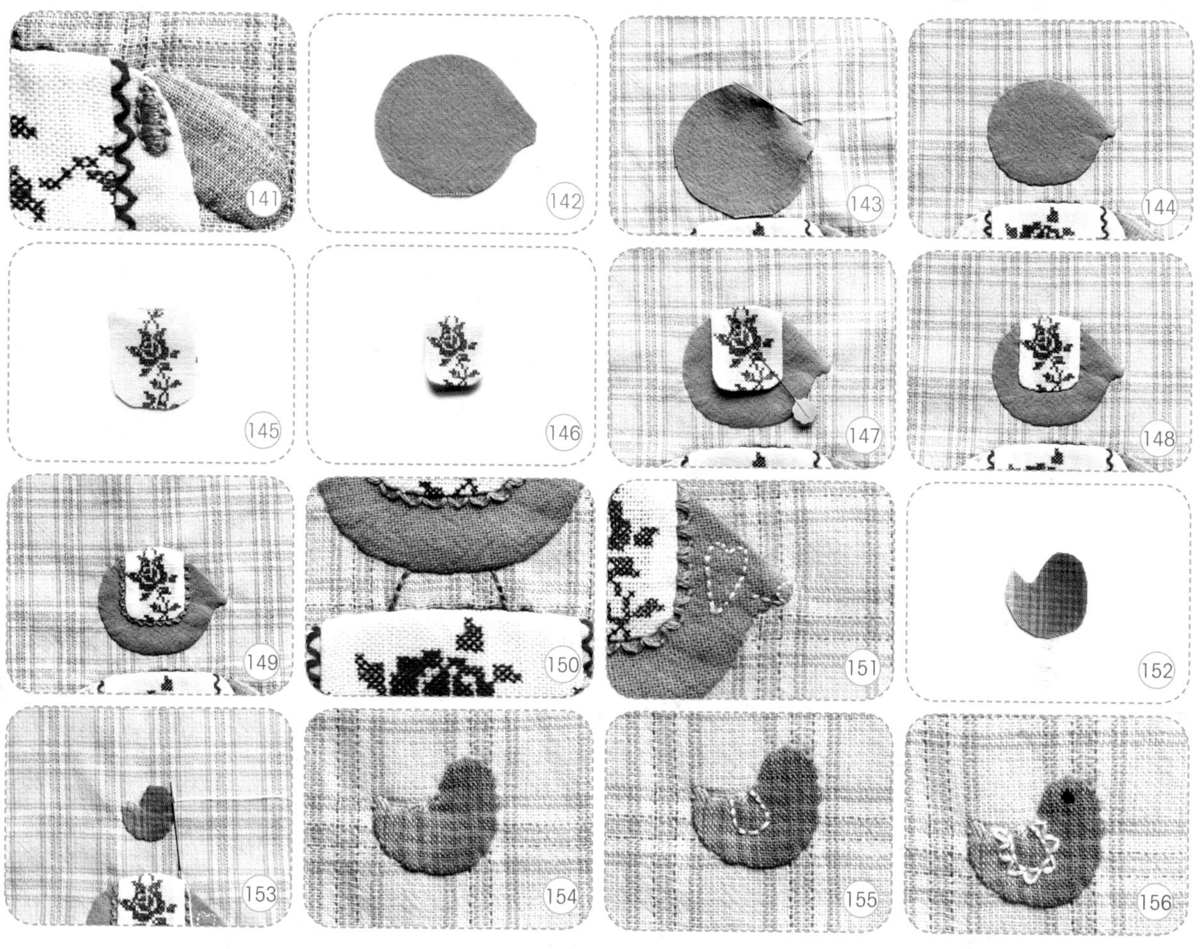

141.接着用缎面绣添补满。
142.用深粉色野木棉剪裁贴缝小猪需要的布料。
143.用藏针缝贴缝小猪。
144.照图示贴缝好小猪。
145.剪裁贴缝装饰需要的布料。
146.照图示折好布料。
147.用固定针固定好装饰。
148.用藏针缝贴缝好小猪的装饰物。
149.用3760号绣线绣出装饰。
150.接着用760号绣线回针绣绣出脚。
151.小猪的耳朵和鼻子用3713号绣线回针绣绣出。
152.剪裁贴缝小鸟需要的布料。
153.用藏针缝贴缝小鸟。
154.照图示贴缝好小鸟。
155.小鸟的翅膀用775号绣线回针绣绣出。
156.接着绣出旁边的装饰。

157.接着绣上眼睛和嘴巴。
158.照图示贴缝好三个小动物。
159.剪裁一块灰底白水玉棉麻。
160.剪裁贴缝公鸡需要的布料。
161.用藏针缝贴缝布料。
162.照图示贴缝好公鸡。
163.接着用838号绣线回针绣绣出风向标。
164.尾部的箭头用3760号绣线回针绣制作。
165.再在中间点缀上随意的直针绣。
166.用红色绣线回针绣绣出鸡冠，线号为：304。
167.然后用缎面绣填补空白处。
168.照图示绣好鸡冠。
169.接着用结粒绣绣出小鸡的眼睛。
170.746号绣线绣出小鸡的嘴巴。
171.尾巴用827号绣线回针绣绣出轮廓。
172.接着用缎面绣填补尾巴。

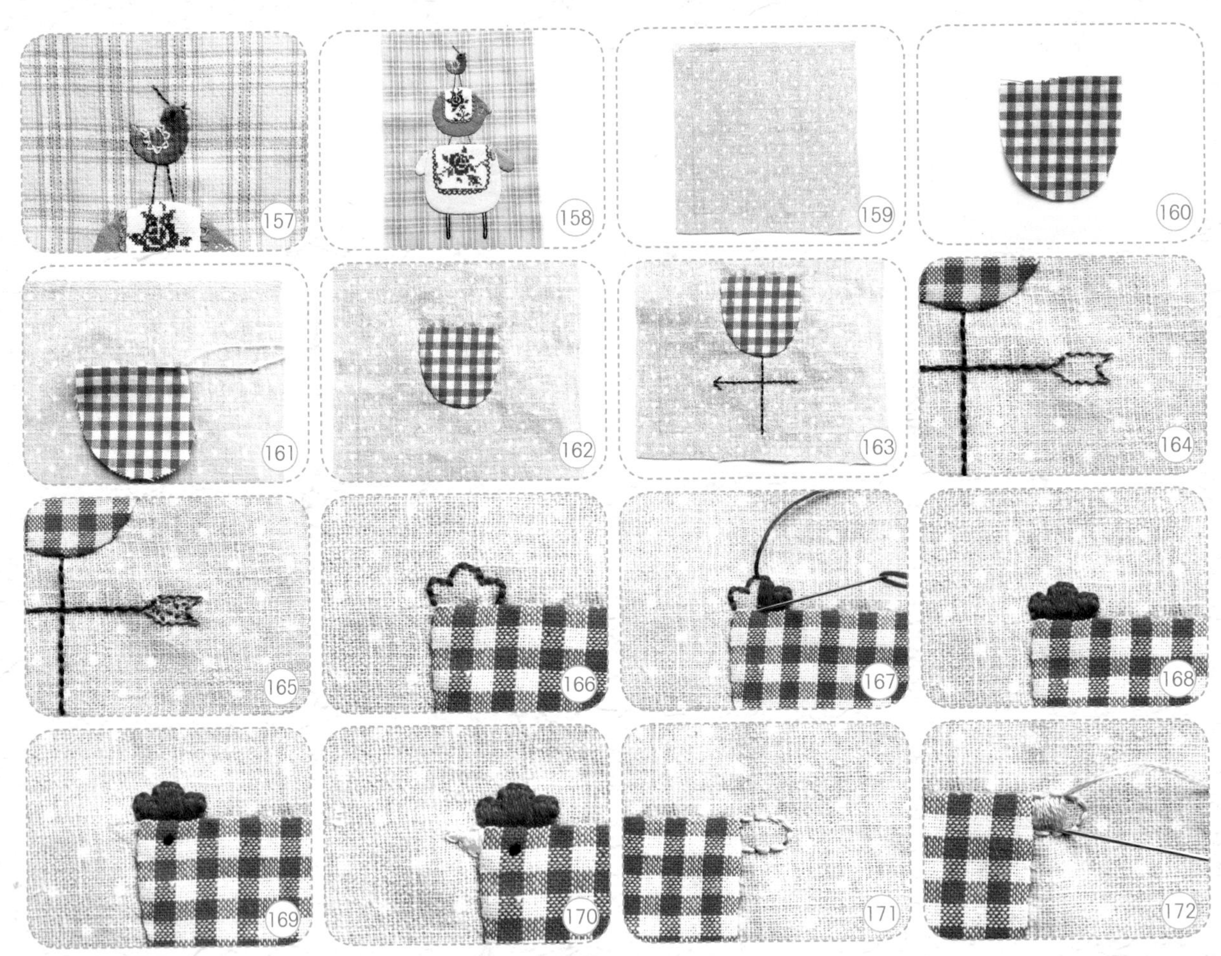

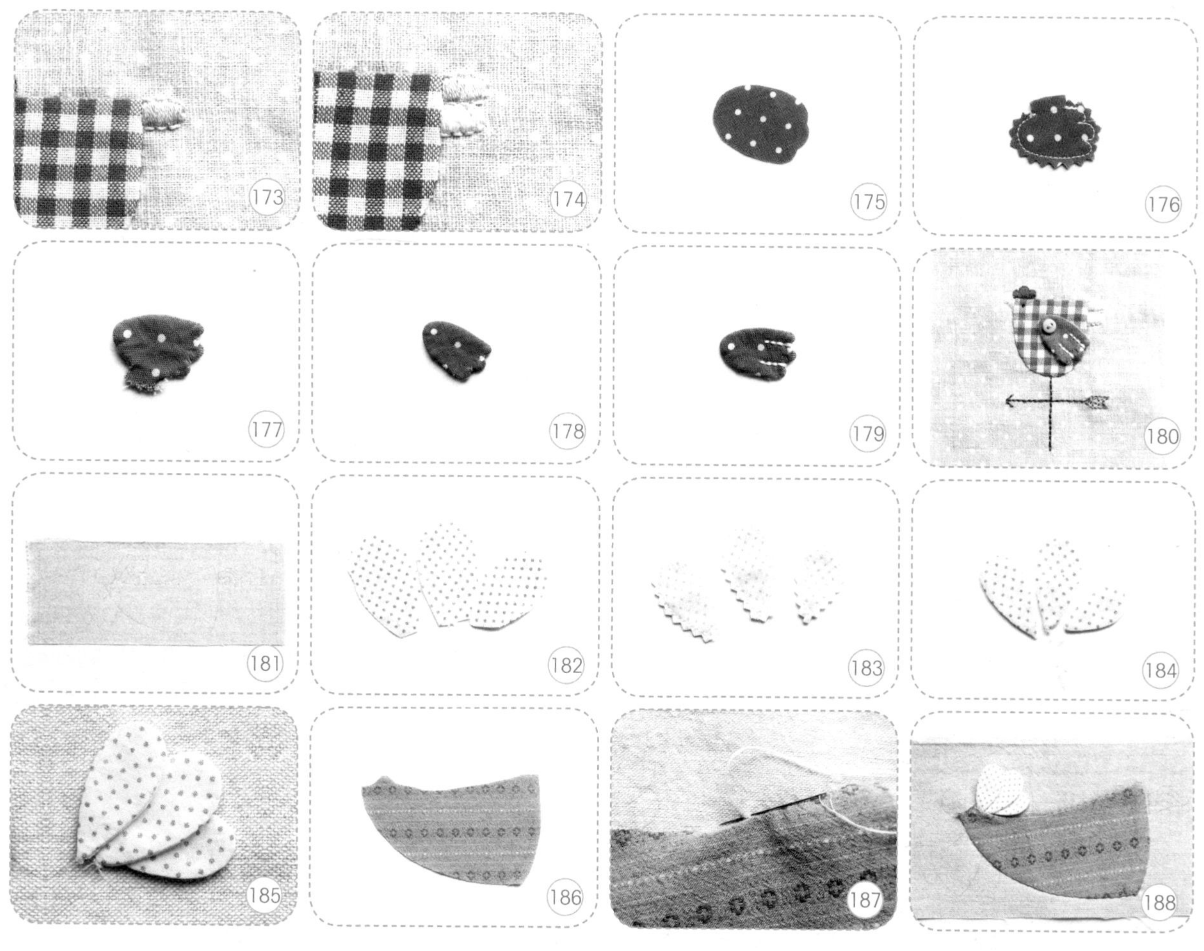

173.照图示绣好鸡尾巴。
174.用746号绣线绣出黄色的尾巴。
175.用深蓝底白水玉布料剪裁鸡翅膀需要的布料。
176.加一层底布留返口车缝好。
177.从返口处把布料翻出来。
178.接着用藏针缝把翅膀的返口手缝好。
179.然后用绣线回针绣绣出装饰。
180.用一颗蓝色的扣子固定好公鸡的翅膀。
181.剪裁一块天蓝色的布料。
182.剪裁贴缝翅膀需要的布料。
183.加一层底布车缝固定好两层布料。
184.从背面的返口把翅膀翻出来。
185.照图示固定好三个翅膀。
186.剪裁贴缝裙子需要的布料。
187.用藏针缝贴缝裙子。
188.照图示贴缝好天使的裙子。

189.剪裁贴缝围裙需要的布料。
190.用藏针缝贴缝围裙。
191.照图示贴缝好天使的围裙。
192.剪裁贴缝手部需要的布料。
193.藏针缝贴缝好天使的手。
194.剪裁袖子需要的布料。
195.把袖子边朝里折好。
196.用藏针缝把袖子贴缝好。
197.照图示贴缝好天使的袖子。
198.剪裁天使的面部需要的布料。
199.照图示贴缝天使的头部。
200.用黑色的绣线在面部出针。
201.沿着绘制的图案入针。
202.直针绣绣好天使的眼睛。
203.用962号绣线平伏针绣绣出腮红。
204.用839号绣线在天使头部出针。

205.绣出一个线圈的时候入针固定线圈。
206.照图示固定好。
207.照图示绣满天使的头发。
208.照图示剪一块布料并撕毛。
209.接着中间固定做一个蝴蝶结。
210.把蝴蝶结固定在天使头部。
211.用517号绣线回针绣绣出天使的领。
212.然后用缎面绣填补好。
213.给天使的袖口刺绣上装饰。
214.用深蓝色野木棉剪裁天使的脚。
215.照图示贴缝好一只脚。
216.注意另一边不需要固定。
217.接着再贴缝上另一只脚。
218.裙摆边装饰上一段白色的花边。
219.装饰上三颗美丽的小扣子。
220.照图示做好天使。

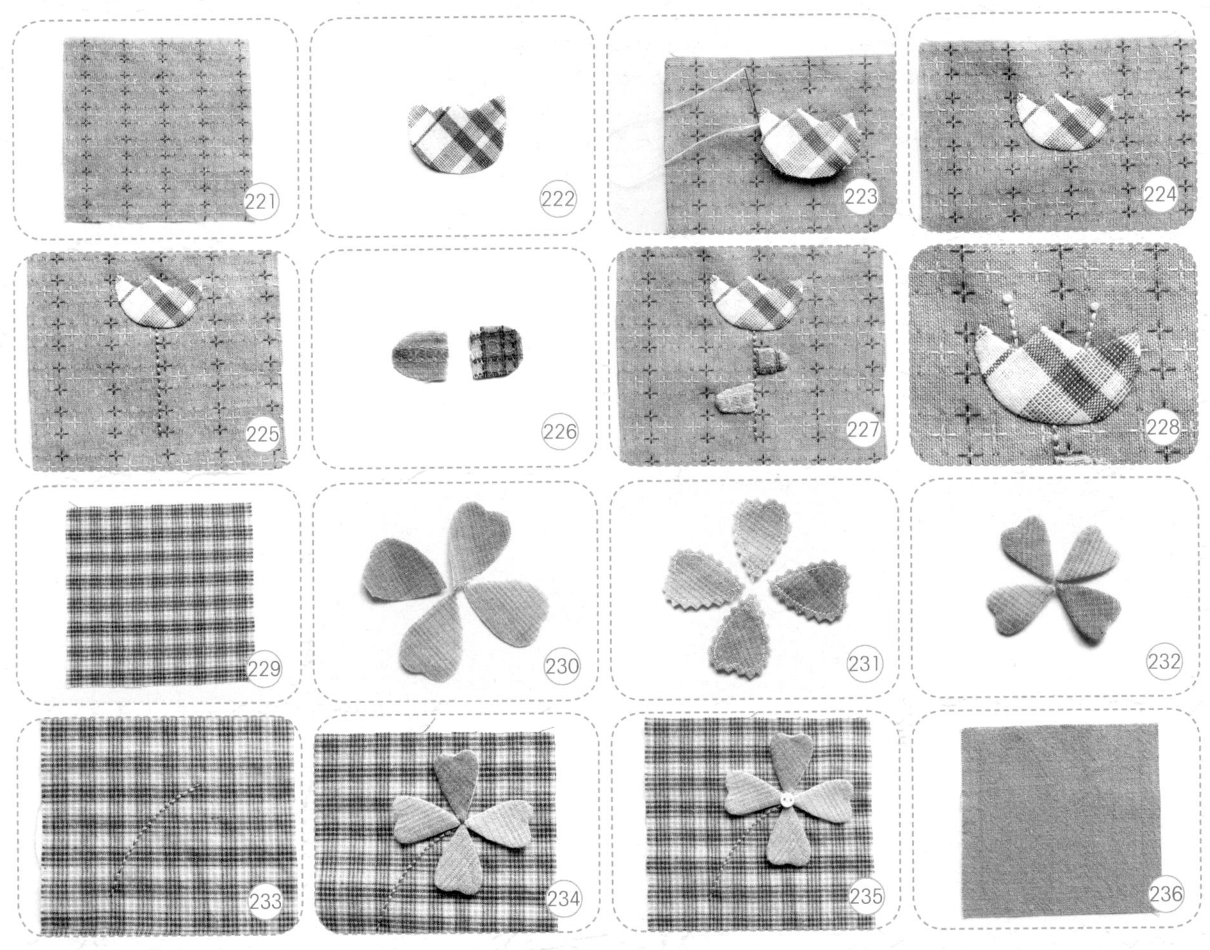

221.剪裁一块咖啡色的布料。
222.剪裁一朵郁金香需要的布料。
223.用藏针缝贴缝郁金香。
224.照图示贴缝好郁金香。
225.在花朵下面用807号绣线回针绣绣出花枝。
226.剪裁贴缝叶子需要的布料。
227.贴缝好郁金香的叶子。
228.用3078号绣线绣好花蕊。
229.剪裁一块枣红色的格子布料。
230.剪裁绿色的渐变布料做四叶草。
231.加一层底布车缝固定好两层布料。
232.把做好的叶片翻出来。
233.用988号绣线回针绣绣出花枝。
234.照图示固定好四片叶子。
235.中间固定一颗扣子。
236.剪裁深蓝色的野木棉。

237.3347号绣线回针绣绣出花枝。
238.剪裁贴缝雏菊需要的花瓣。
239.加底布留返口车缝好。
240.从返口处把花瓣翻出来。
241.剪裁贴缝叶子需要的布料。
242.照图示贴缝好叶片。
243.然后固定好四片花瓣。
244.剪裁贴缝花心需要的布料。
245.用藏针缝贴缝花心。
246.贴缝好的雏菊花。
247.剪裁一块咖啡色的水玉布料。
248.剪裁粉色的郁金香花朵。
249.用藏针缝贴缝花朵。
250.照图示贴缝好花朵。
251.接着用3347号绣线回针绣绣出花枝。
252.接着贴缝叶子。

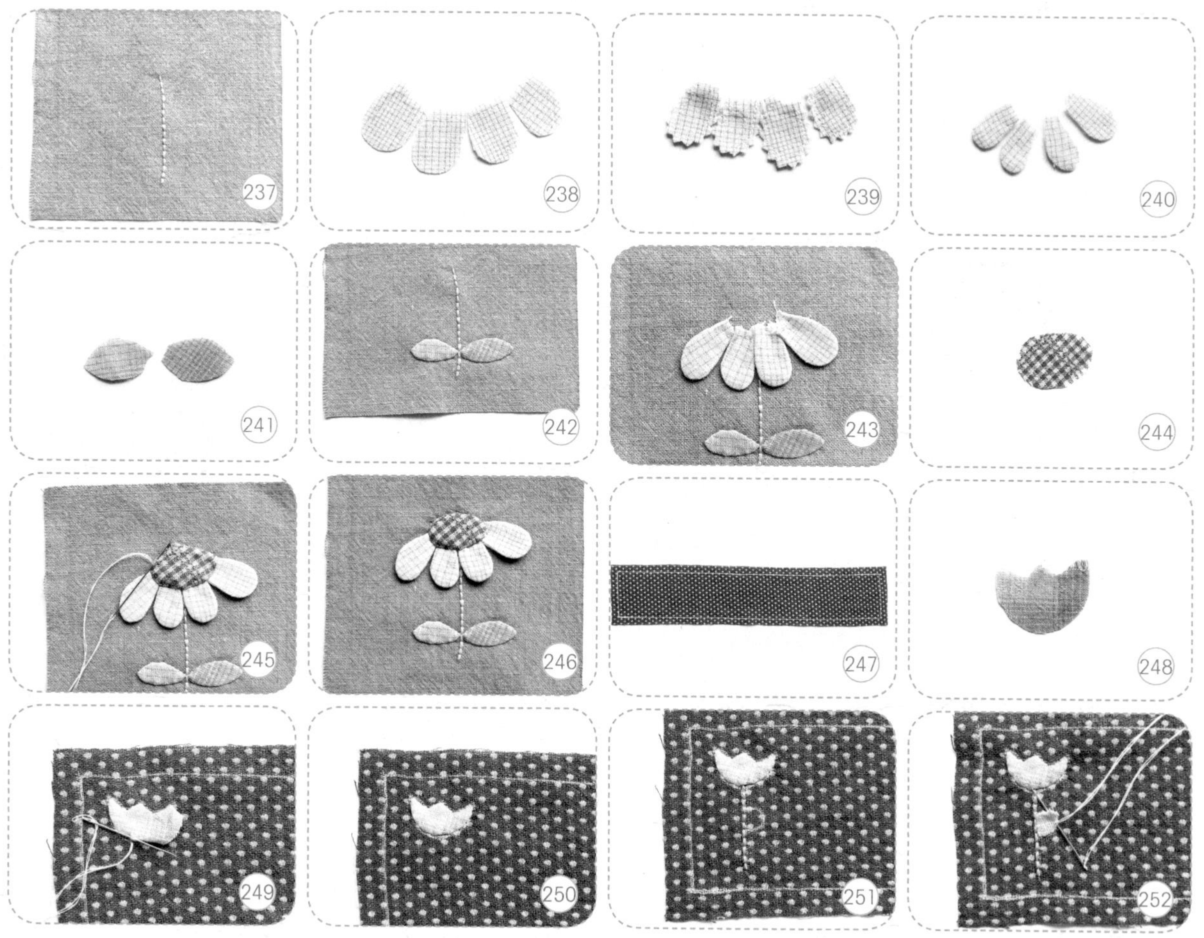

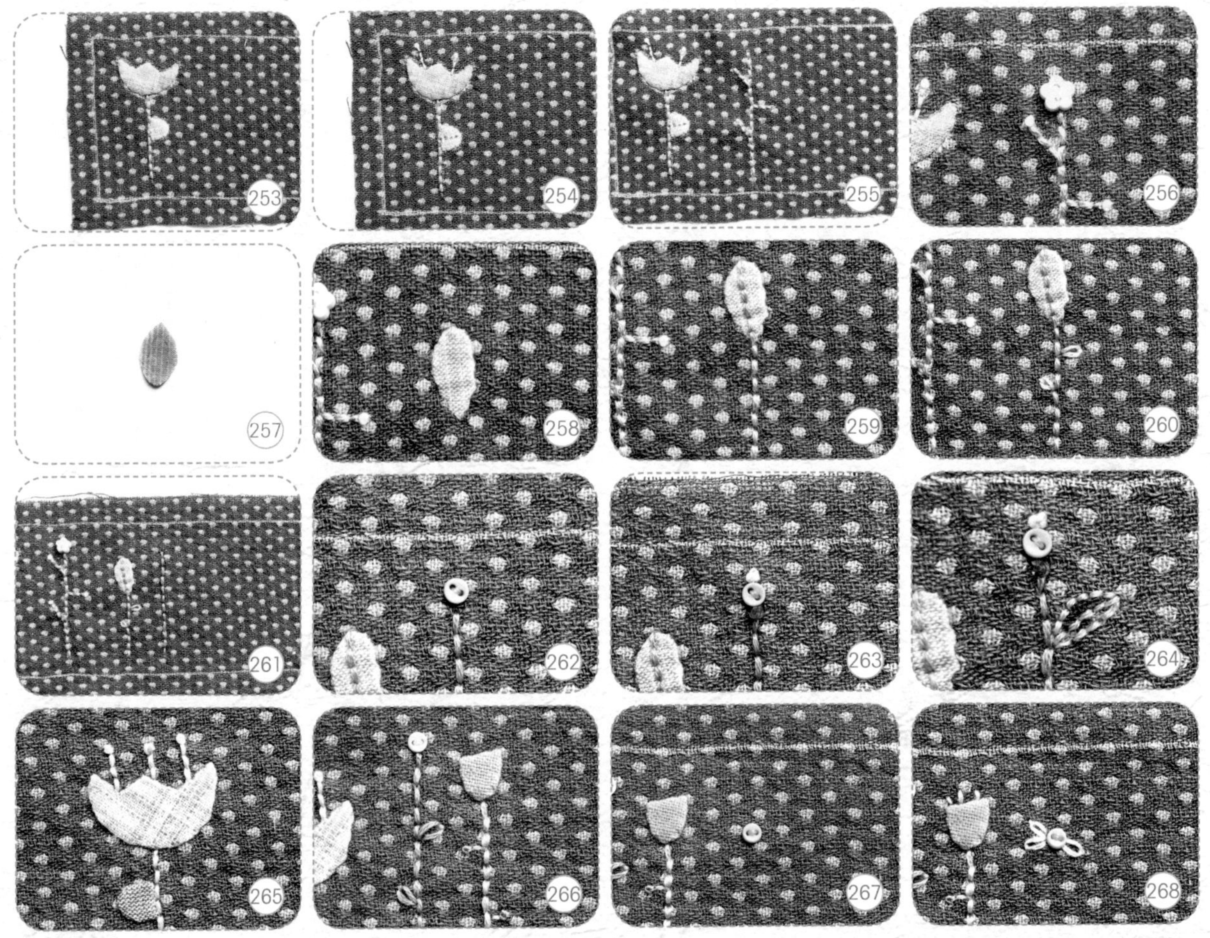

253.做好图示的一枝郁金香。
254.再装饰上花蕊和叶脉。
255.3375号绣线回针绣绣出花枝。
256.接着再装饰上扣子。
257.剪裁贴缝叶子需要的布料。
258.照图示贴缝好叶子。
259.993号绣线回针绣绣出花枝。
260.最后用368号绣线绣出花叶。

261.3849号绣线回针绣绣出花枝。
262.在花枝顶端缝上扣子。
263.在花枝两端绣上两颗结粒绣。
264.3817号绣线回针绣绣出花叶。
265.照图示制作好一朵郁金香。
266.接着再做两枝小花。
267.在布面缝一颗蓝色的扣子。
268.用3823号绣线绣出花瓣。

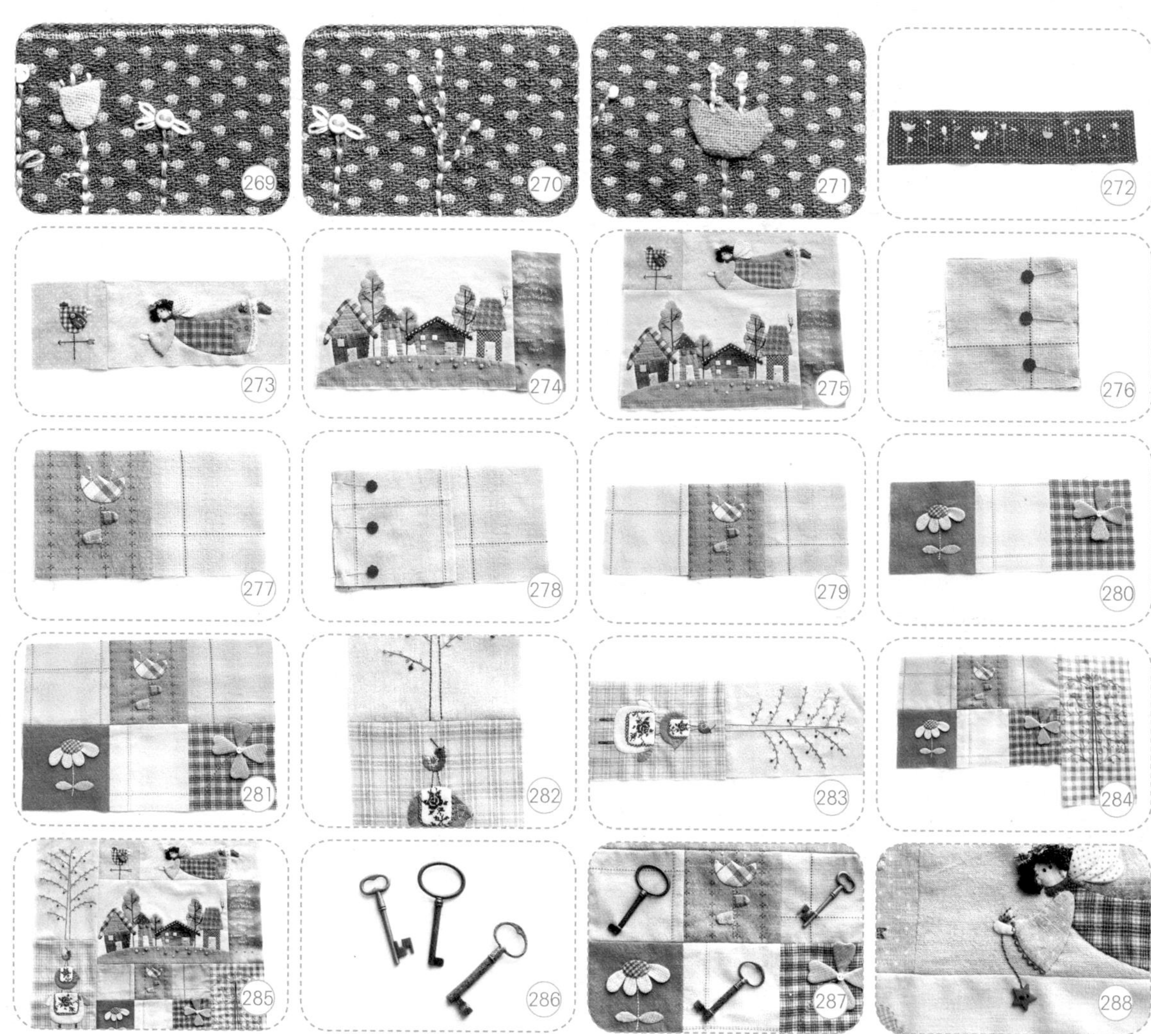

269.794号绣线回针绣绣出花枝。
270.然后用3823号绣线结粒绣绣出花朵。
271.制作一朵蓝色的郁金香。
272.制作好的花边。
273.把公鸡与天使连接。
274.把房子与英文小诗连接。
275.接着把两块布料照图示拼接。

276.照图示固定两块布料。
277.把拼接好的布料展开。
278.接着在边上拼接粉色的布料。
279.照图示拼接好三块布料。
280.照图示拼接好另外三块布料。
281.把六块布料照图示拼接好。
282.把果树与小动物拼接。

283.拼接好的两块布料。
284.照图示拼接布料。
285.拼接好壁饰的主要部分。
286.准备三把铜钥匙。
287.把铜钥匙固定在图示位置。
288.给天使手上做上装饰。天使壁挂就制作好了。

Welcome
to my kitchen

wellcome
to
my
kitchen

厨房天使

所需材料：

米黄色棉麻、红底白水玉先染、卡其色格子先染、深灰蓝色织格子、灰蓝底白水玉棉布、本色麻布、本色提花先染、铺棉、PP棉、深灰色细毛线、金属小勺和英文金属小片、深灰紫小扣子两颗、大红色鸡眼一颗、大红色绣线少许、大红色花边一段、百代丽一块、咖啡色不织布一块、小塑料暗扣两对、星星扣子一颗。

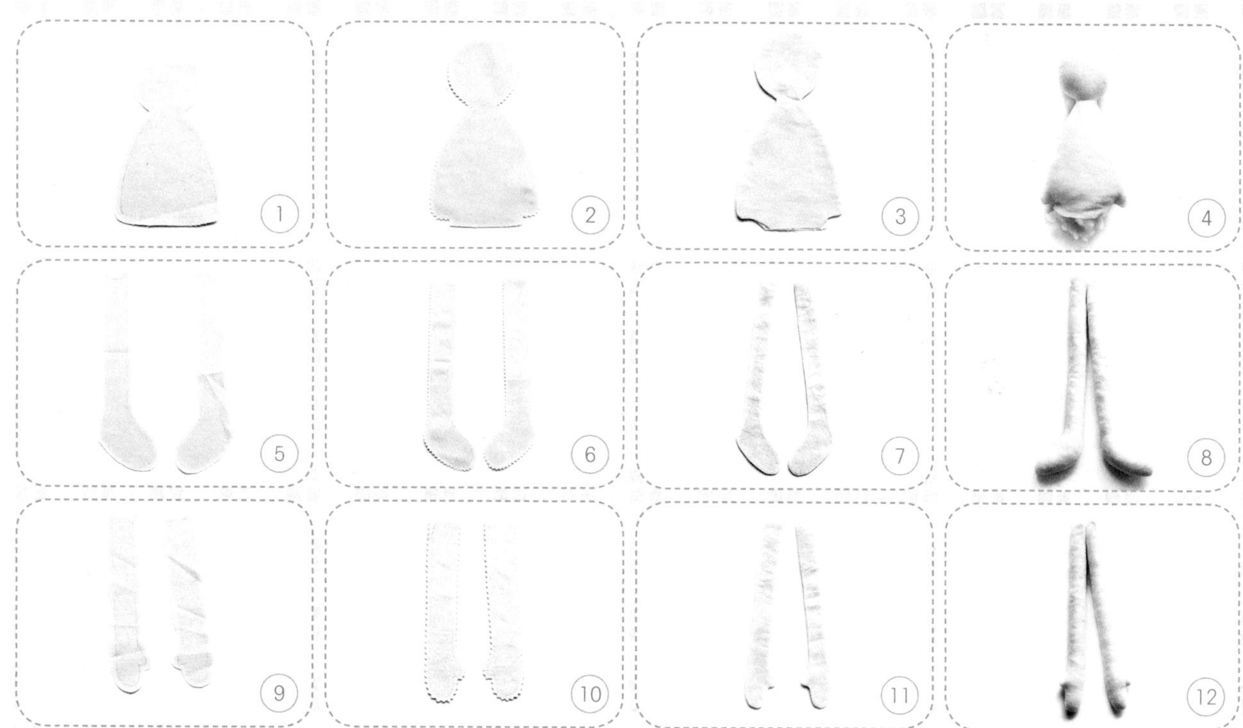

制作过程

1.剪裁图示形状的布料两块。
2.把两块布料留返口车缝固定好。
3.从返口处把身体翻出来。
4.从返口处塞入棉花。
5.剪裁脚需要的布料。
6.留返口车缝好两只脚。
7.从返口处把脚翻出来。
8.照图示为两只脚塞满棉花。
9.剪裁手需要的布料。
10.留返口车缝好两只手。
11.从返口处把手翻出来。
12.为两只手塞上棉花。

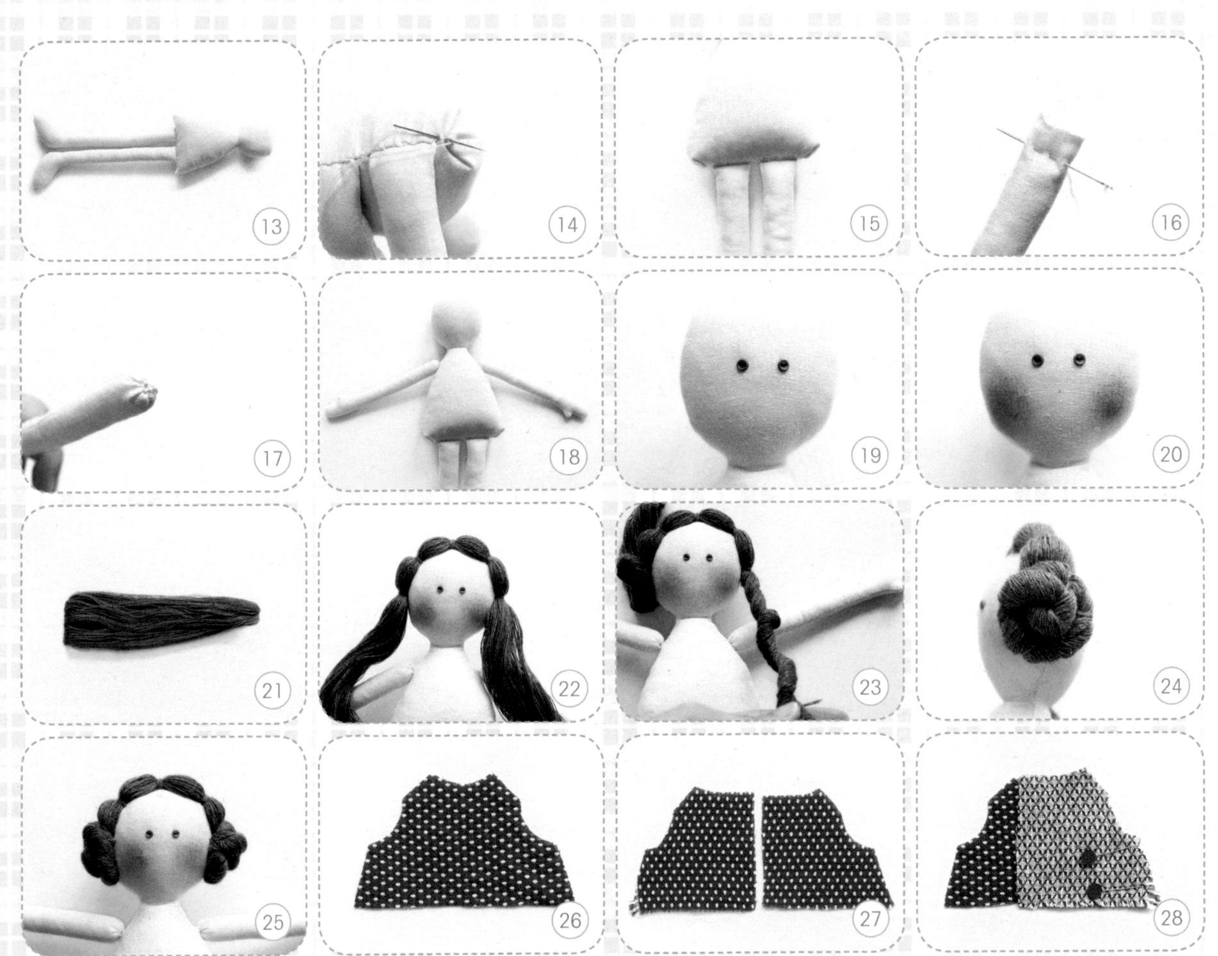

13.接着把做好的脚和身体连接起来。
14.身体两边折三角形并手缝固定好。
15.照图示把身体两边都手缝好。
16.围绕手部的返口处进行缩缝。
17.把布边朝里塞并把线拉紧成图示形状。
18.把做好的两只手连接在身体两侧。
19.在面部缝上两颗小扣子作为娃娃的眼睛。
20.接着为娃娃涂上腮红。

21.准备深灰色的细毛线，并卷成长度为40cm的线圈。
22.照图示分成四格把娃娃的头发固定好。
23.接着把马尾扭起来，扭得越紧越好。
24.扭好的头发盘成一个圈手缝固定好。
25.照图示做好两边的盘发。
26.剪裁衣服前片需要的布料。
27.剪裁衣服后片需要的两片布料。
28.用花瓣针把衣服的腰部固定住。

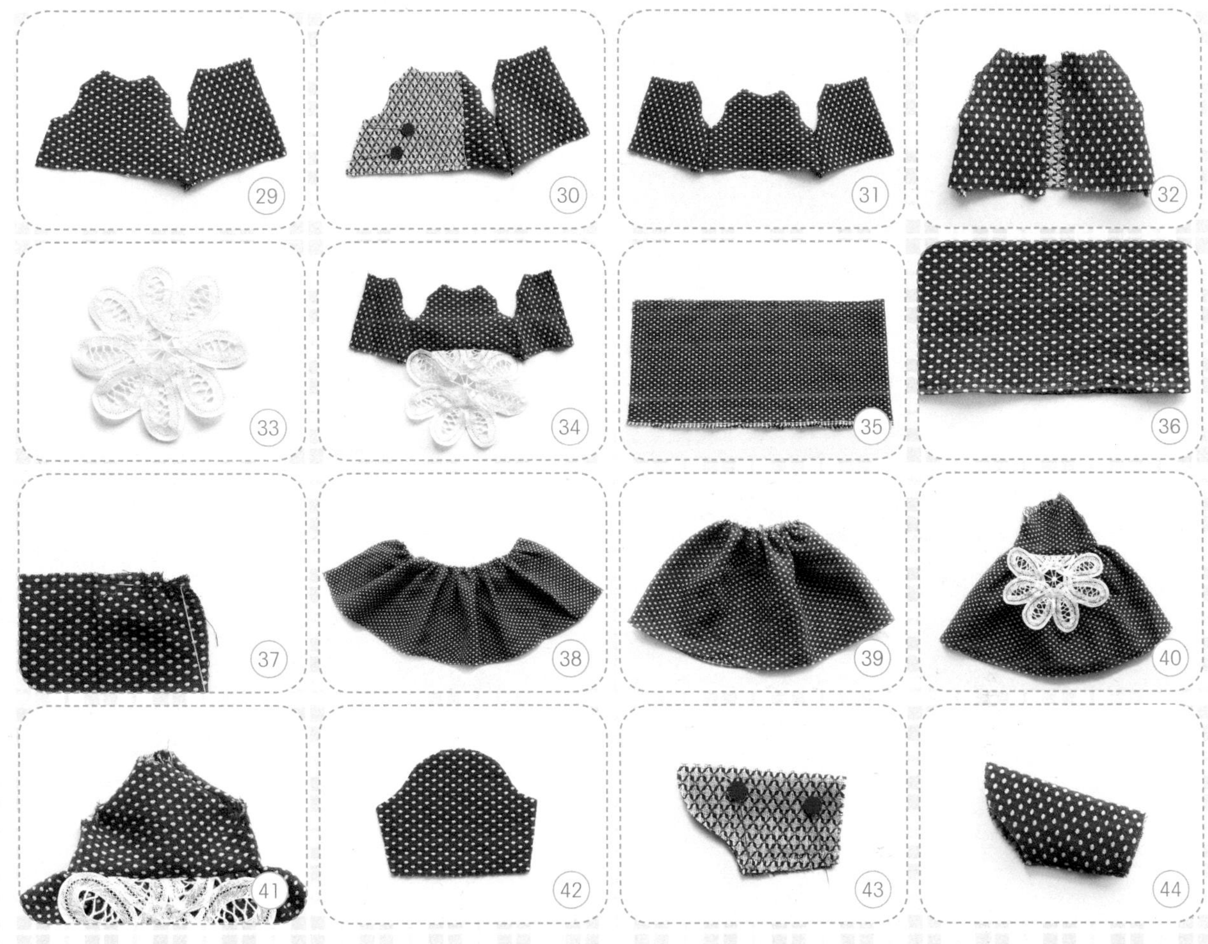

29.车缝固定好之后展开。
30.接着再固定另一边的腰部。
31.把车缝好的衣服展开。
32.接着把背部的布边车缝固定好。
33.准备一块百代丽。
34.把百代丽照图示车缝在衣服下部。
35.剪裁一块裙摆需要的布料。
36.把裙摆下部的布边车缝固定好。
37.手缝缩缝布边。
38.照图示把裙摆缩缝好，缩缝好的长度与上衣的宽度一致。
39.把两头的布边合并起来做成一个筒状。
40.然后把裙摆和上身连接起来。
41.接着把肩部的布料连接起来。
42.剪裁袖子需要的布料。
43.照图示对折固定好。
44.把车缝好的袖子翻到正面。

BREAD

45.用藏针缝把袖子连接在衣服上。
46.照图示拼接好两边的袖子。
47.剪裁袖子需要的布料。
48.加底布留返口车缝好。
49.从返口处把袖子翻出来。
50.把返口处用藏针缝缝合好。
51.把领部的布边朝里折并手缝固定好。
52.照图示手缝好领部。
53.用藏针缝把领和衣服连接起来。
54.把拼接好的领朝外翻。
55.衣服背部缝上暗扣。
56.用红色的手缝线缩缝袖子口。
57.把布边朝里折并把线拉紧成图示形状。
58.缩缝好两边的袖子。
59.准备一些小小的金属挂件。
60.用一条蓝色的绳子把小配件串起来。

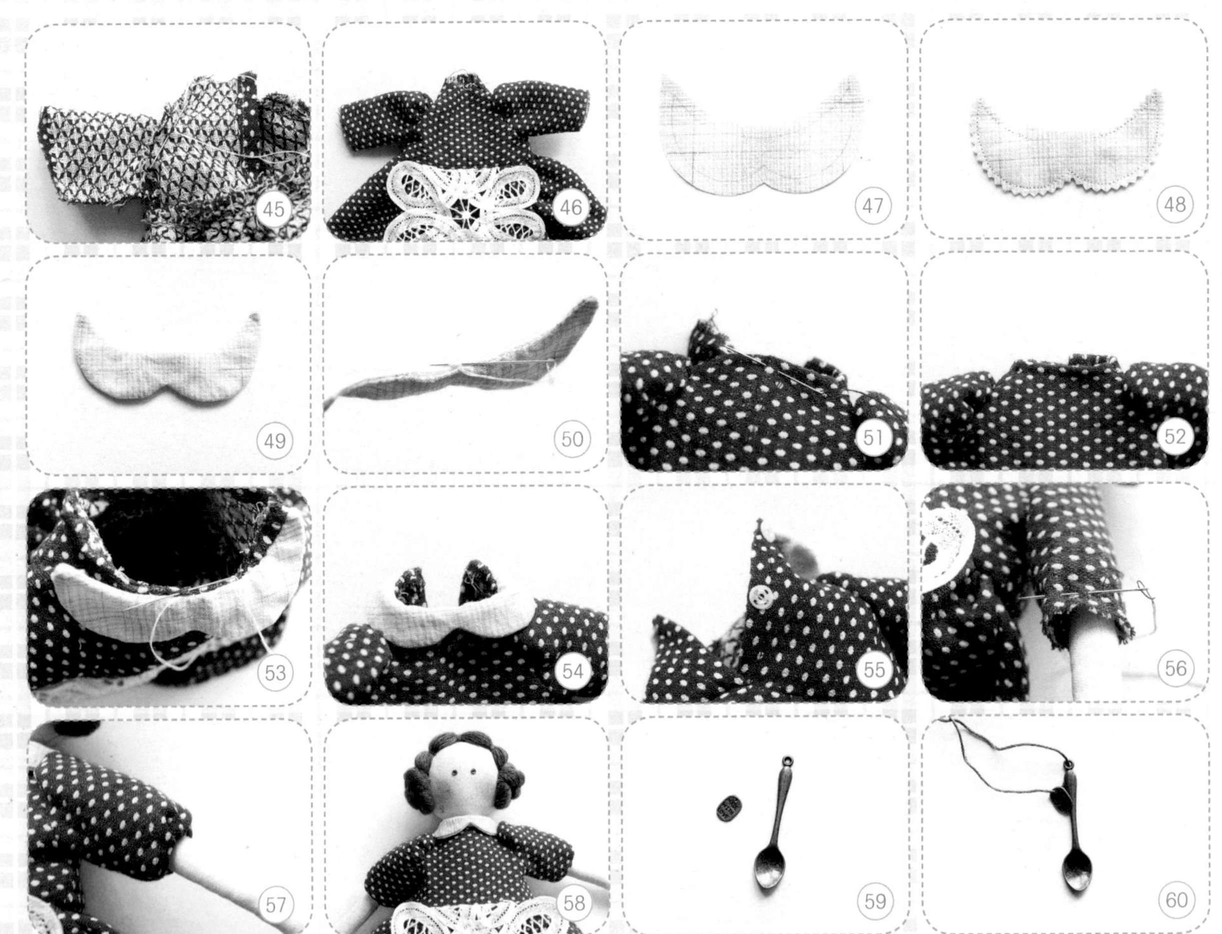

61.把做好的配饰挂在天使脖子。
62.剪裁两块图示裤子需要的布料。
63.把裤脚边的布料朝里折并车缝好。
64.照图示把两块布料固定好。
65.车缝好之后展开再固定裤脚处。
66.把车缝好的裤子翻到正面。
67.裤腰处布边朝里折。
68.用蓝色绣线穿过裤腰。
69.照图示把绳子拉出。
70.给天使穿上裤子。
71.剪裁鞋子需要的布料。
72.用同色的绣线直针缝把两片布料的底部缝合在一起。
73.照图示做好鞋子。
74.把蝴蝶结处固定好。
75.给天使做好一只鞋子。
76.用同样的方法做好另一只鞋子。

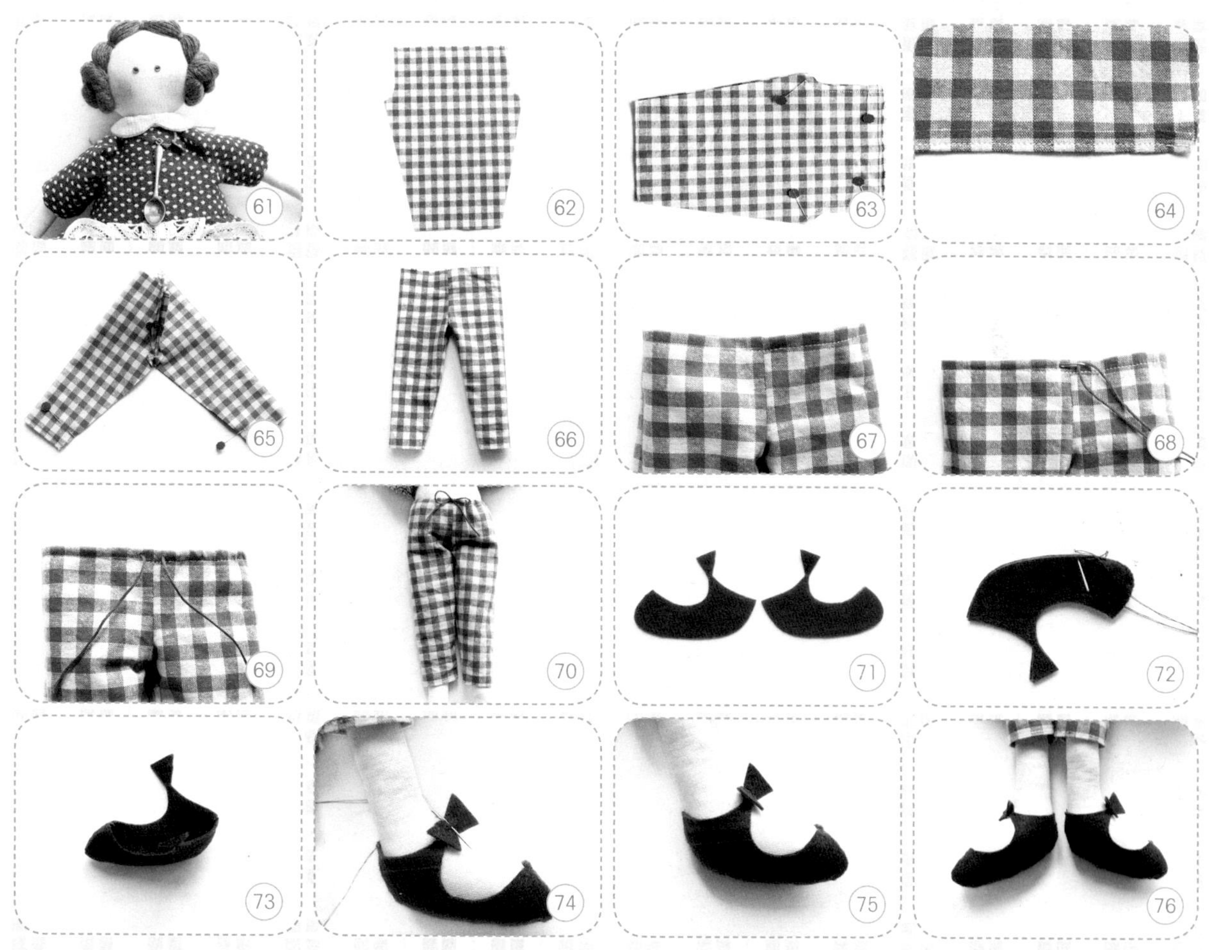

77.剪裁翅膀需要的布料。
78.加一层铺棉和一层底布车缝固定好。
79.把多余的布边用花边剪剪去。
80.背部用剪刀剪一个小的开口作为返口。
81.把翅膀从返口处翻出来。
82.用藏针缝把翅膀缝合在衣服上。
83.给天使装饰上两只翅膀。
84.剪裁挂牌需要的布料。
85.用咖啡色的绣线回针绣绣上："wellcome to my kitchen"字样。
86.加一层麻布留返口车缝好。
87.从返口处把吊牌翻出来。
88.接着用藏针缝把返口处手缝好。
89.照图示做好吊牌。
90.准备一颗红色的鸡眼。
91.照图示把鸡眼固定在吊牌上。
92.用红色的花边穿过吊牌。
93.把吊牌固定在天使左手上。
94.准备一颗星星的扣子。
95.照图示用红色的绣线把扣子装饰在天使右手上。
96.一个厨房天使就制作好了哦！

wellcome
to
my
kitchen

The angel

Down in the valley

Down in the valley, valley so low
[illegible]
[illegible]
[illegible]

Roses love sunshine, violets love dew
Angels in heaven know I love you
Know I love you, dear, know I love you
Angels in heaven know I love you

[illegible]
[illegible]
[illegible]
[illegible]

down in the valley
the
valley so low
hang your head over
hear
the wind blow
hang your head over
hear
the wind blow

The angel

hang
the

雏菊天使抱枕

所需材料：

米黄色棉麻，米白色棉麻，铺棉，白色里布，天蓝色棉麻，肉红色棉麻，深蓝色色织格子棉布，深蓝色木棉布，枣红色色织格子棉布，红色小格子棉布，白底蓝色印花花布，咖啡底点点水玉先染布料，线号为3849（蓝绿色系），3831（红色系），3031（咖啡色系）绣线各少许，红色小扣子两颗，黑色绣线少许，棉绳。

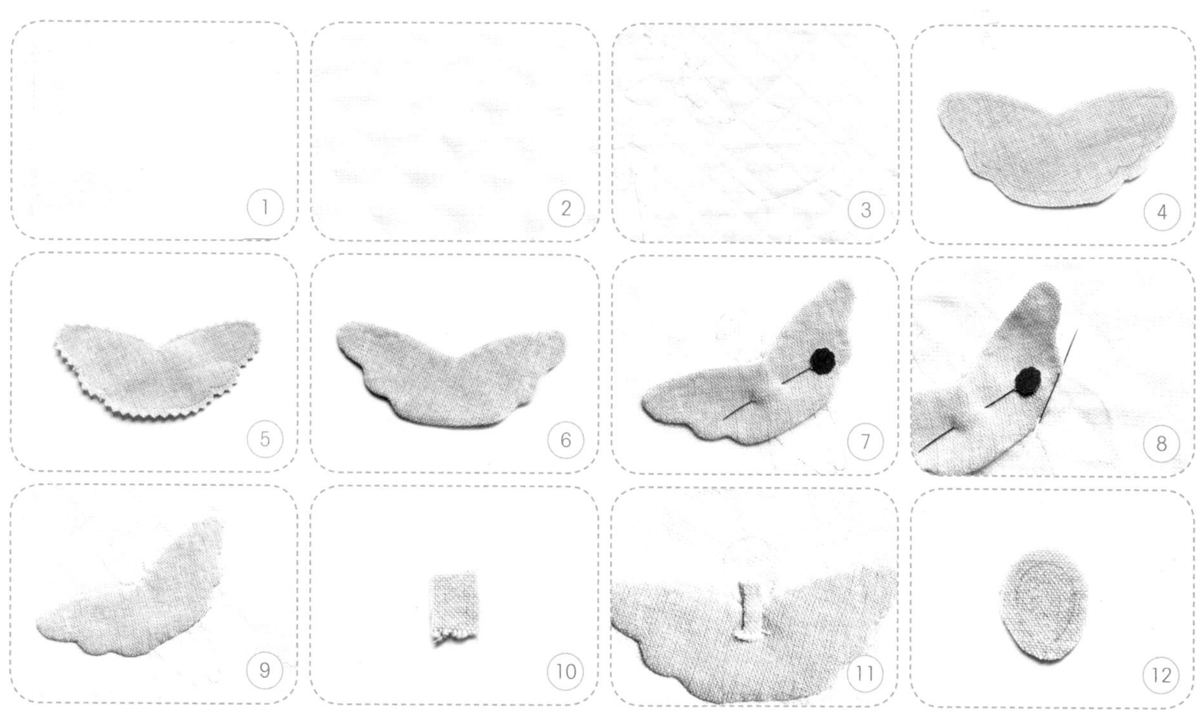

制作过程

1.剪裁一块米白色棉麻布料。
2.加一层铺棉车缝正方形的压线格子。
3.在压缝好的布料上画上需要拼贴的图案。
4.用天蓝色棉麻剪裁出翅膀需要的布料。
5.加底布车缝好，多余布边用花边剪剪去。
6.背后剪一开口，并把翅膀从开口处翻出来。
7.用固定针把翅膀固定在布料上。
8.接着用藏针缝贴缝翅膀。
9.照图示贴缝好翅膀。
10.剪裁贴缝脖子需要的布料。
11.照图示把脖子贴缝好。
12.接着剪裁贴缝面部需要的布料。

13.用藏针缝贴缝面部。
14.照图示贴缝好头部。
15.剪裁贴缝脚部需要的布料。
16.照图示把布边朝里折好。
17.折好的布料的背面。
18.用藏针缝贴缝脚部。
19.照图示贴缝好一双脚。
20.剪裁身体需要的布料。
21.照图示贴缝好天使的身体。
22.剪裁贴缝裙子需要的布料。
23.把布料的边朝里折好。
24.用固定针把裙子固定好。
25.照图示贴缝好裙子。
26.剪裁围裙需要的布料。
27.照图示贴缝好天使的围裙。
28.剪裁手部需要的布料。

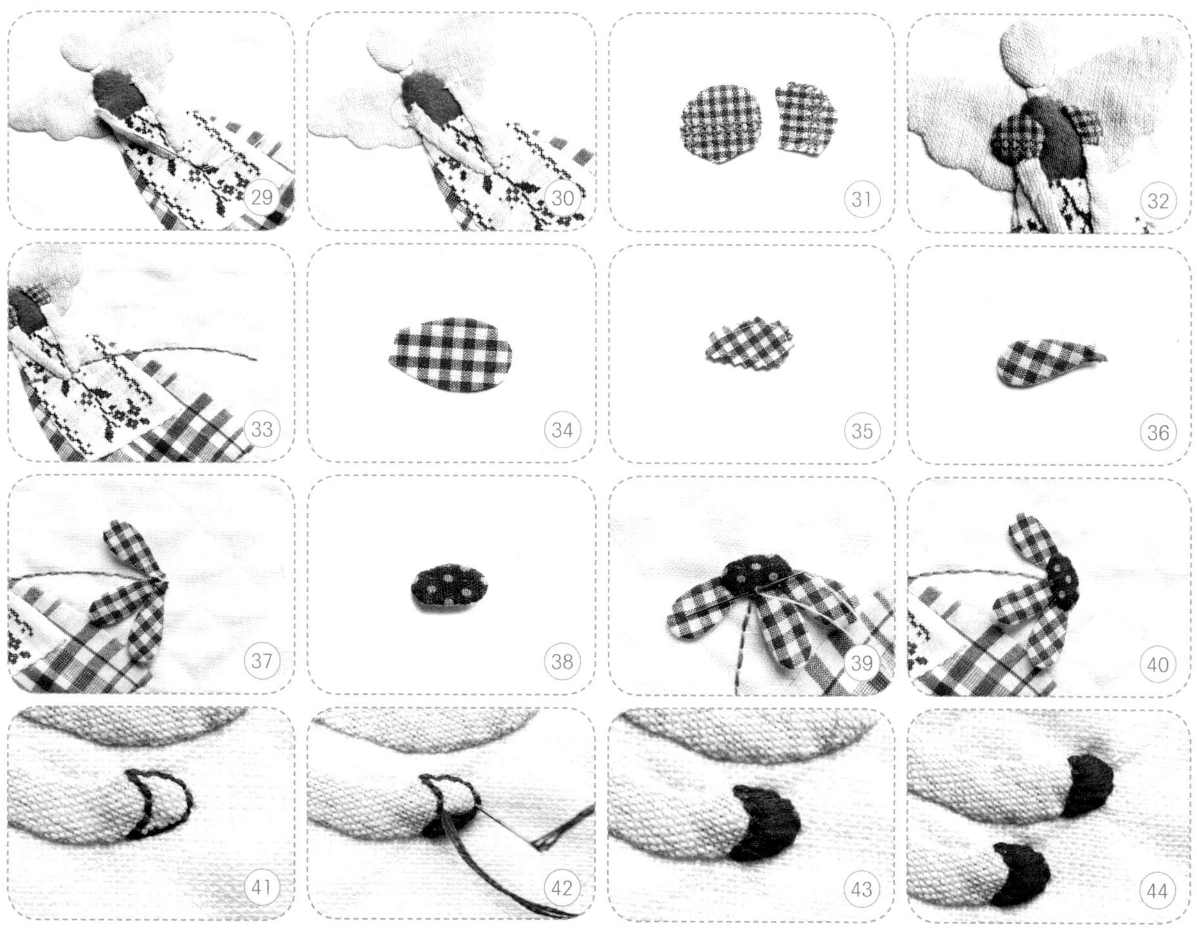

29.用藏针缝贴缝手部。
30.照图示贴缝好天使的两只手。
31.剪裁贴缝袖子需要的布料。
32.照图示贴缝好两只泡泡袖。
33.用线号为3849的绣线回针绣绣出天使手上的花枝。
34.剪裁一片制作花瓣需要的布料。
35.加同样的底布留返口车缝好花瓣。
36.从返口处把花瓣翻出来。
37.照图示贴缝三瓣花瓣在花枝顶端。
38.制作一个如图形状的咖啡色花心。
39.用藏针缝把花心贴缝在花瓣上。
40.照图示做好一朵雏菊花。
41.用线号为3831号绣线回针绣绣出天使鞋子的轮廓。
42.接着用缎面绣填补空白的地方。
43.照图示绣好一只鞋子。
44.接着绣好另一只鞋子。

45.用黑色绣线给娃娃绣上眼睛。
46.接着给娃娃装饰上两颗扣子作为腮红。
47.照图示用3031号绣线回针绣绣出天使的马尾。
48.接着用三股粗线从头部出针。
49.照图示围绕头顶固定线条。
50.做好的娃娃头部。
51.一个美丽的天使就制作好了。
52.接着把天使周围的花枝都制作好。
53.然后在布料上写上要刺绣的字母。
54.用咖啡色的绣线绣出字母。
55.接着用红色绣线绣出小红心。
56.准备一段布条和一条棉绳。
57.照图示用布条裹住棉绳放于缝纫机下车缝。
58.照图示车缝做好滚芯绳。
59.剪裁一块正方形的布料。
60.把布条三折并车缝固定在抱枕的边沿。

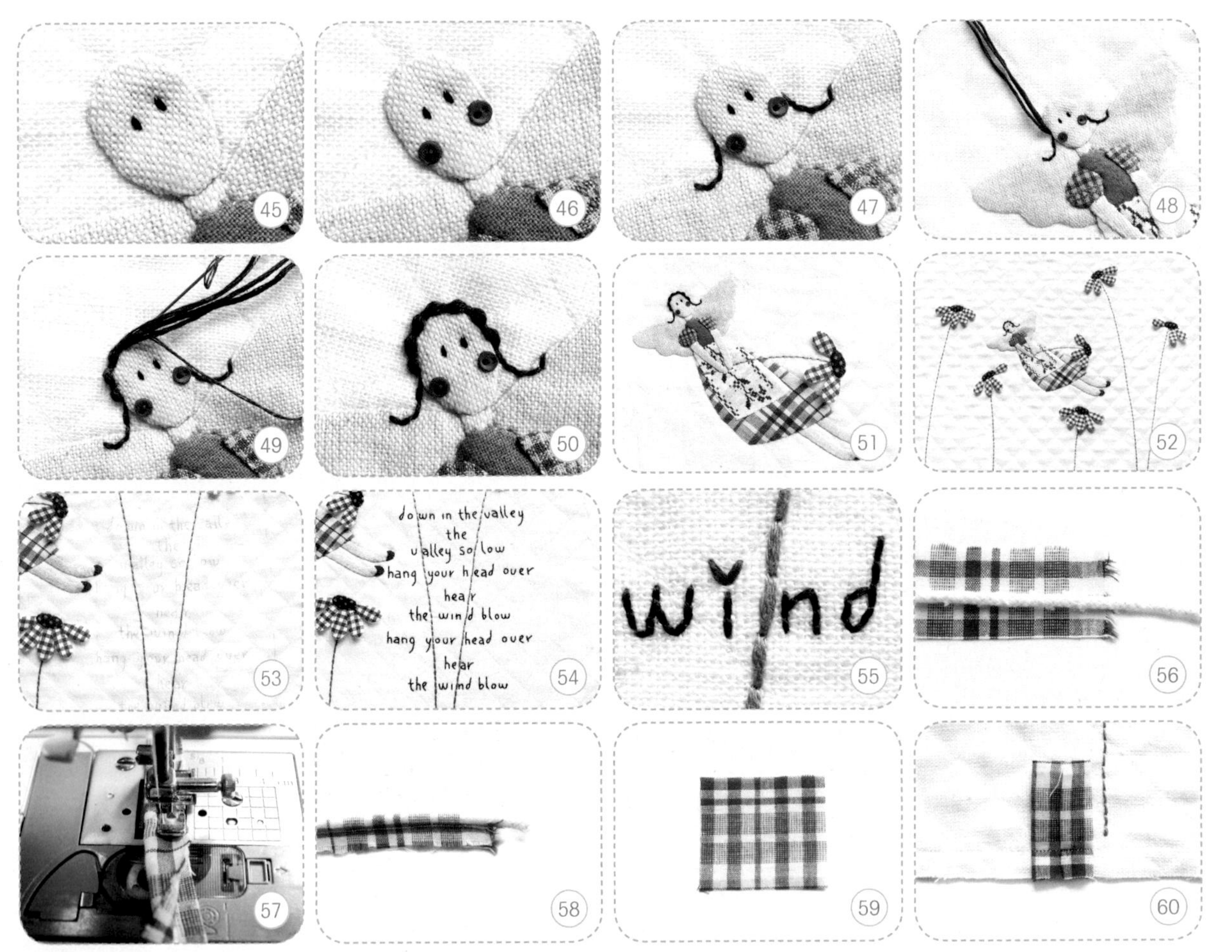

61.把滚芯绳围绕抱枕车缝一圈之后回到起点。
62.做好的抱枕正面。
63.剪裁抱枕背面需要的布料，并加铺棉压缝正方形的格子。
64.布边朝里折并车缝固定好。
65.照图示把做好的两块背面重叠并固定住。
66.正面与背面固定住后，从背后的开口把抱枕翻出来。
67.加一层白色的布料作为里布。
68.照图示用藏针缝把返口处缝合好。
69.一只美丽的抱枕就制作好了哦。

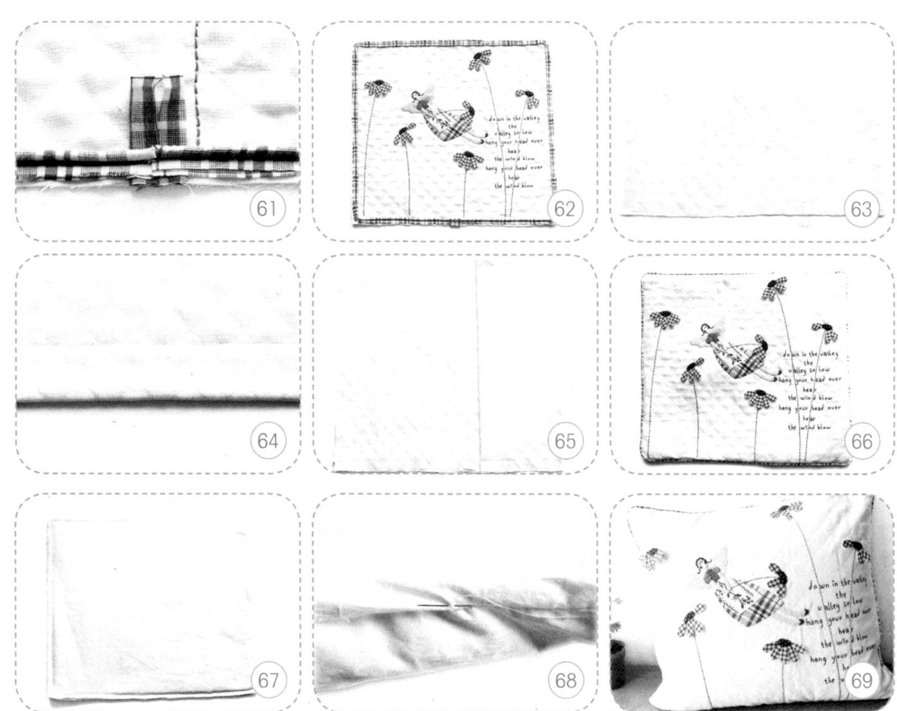

To see a worl
And a heaven
Hold infinit
your

a grain of sand
a wild flower
the palm of
eternity
in a
hour
FAVORITE • LOVE
Rose Flower Rose Flower

The carpet

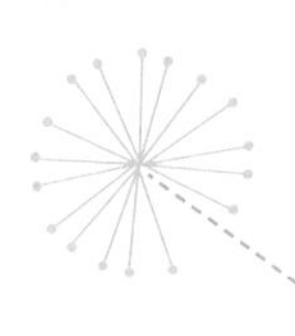

To see world in a grain of
And a heaven in a wild
Hold infinity in the palm of
And etemity in a
$10

让爱的手工通过你的双手，洒满
宗的每个小小角落，这就是我们追求
的快乐生活，安静、闲适……
hand

The carpet
orld in a grain of sand
eaven in a wild flower
ty in the palm of your hand
etemity in a hour

当归花天使的地毯

所需材料：

咖啡色野木棉，肉粉色色织格子，淡绿棉麻，米白底金色小水玉棉布，淡蓝棉麻，咖啡色先染格子布，深蓝绿野木棉，深粉色野木棉，米黄色格子布，灰蓝底白水玉棉布，肉粉色棉麻，咖啡色不织布，卡其底白水玉先染布料，棉质花边，红色小扣子两颗，铺棉，本色棉麻，线号为3326（粉色系），3849（蓝色系），598（蓝色系），3865（白色系）绣线各少许。

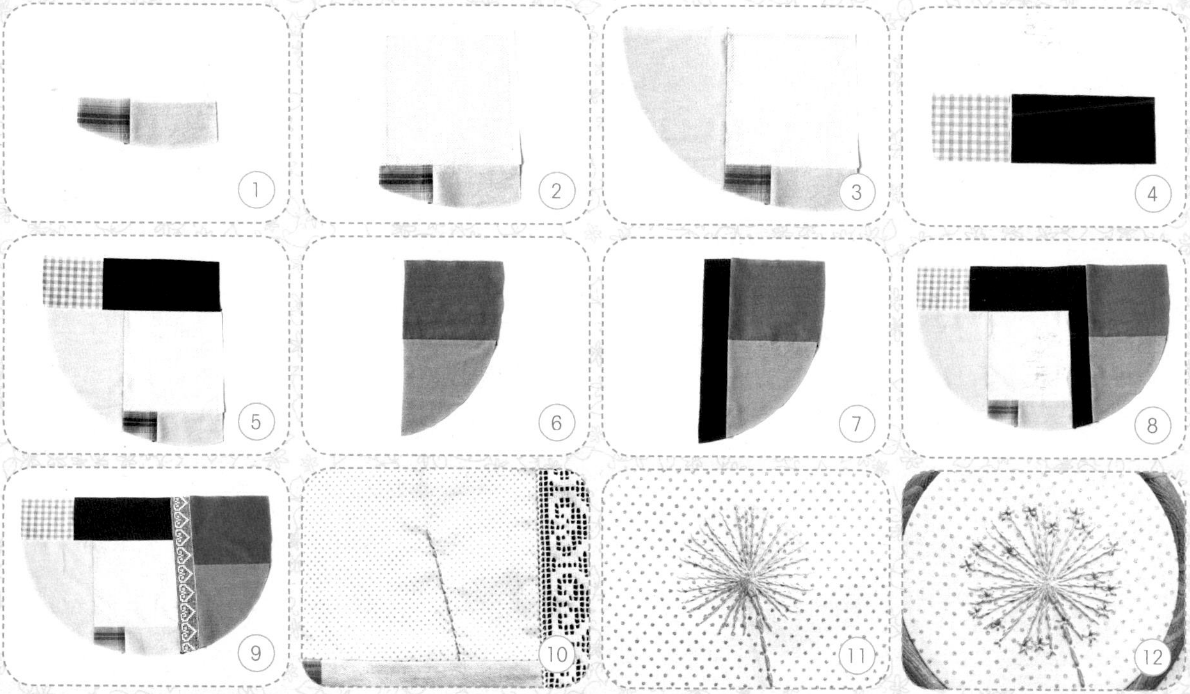

1 2 3 4 5 6 7 8 9 10 11 12

制作过程

1.依照图示把淡蓝棉麻与咖啡色先染格子布料先拼接好。
2.剪裁一块米白底金色小水玉棉布与先前的布料拼接在一起。
3.接着剪裁一块淡绿棉麻拼接在布料的左边。
4.照图示拼接肉粉色色织格子与咖啡色野棉布。
5.把先前拼接好的布料照图示拼接在一起。
6.把深蓝绿野木棉与深粉色野木棉拼接在一起。
7.剪裁一条咖啡色的布料拼接在图示位置。
8.接着把先前做好的布料拼接在一起。地毯的雏形就制作好了。
9.在咖啡色的布料上车缝固定上一段白色花边。
10.在米白的布料上用线号为3849的绣线回针绣绣出花枝。
11.接着用598号单股绣线轮廓绣绣出散射状的花枝。
12.然后用3326号粉色绣线直针绣绣出五瓣花。

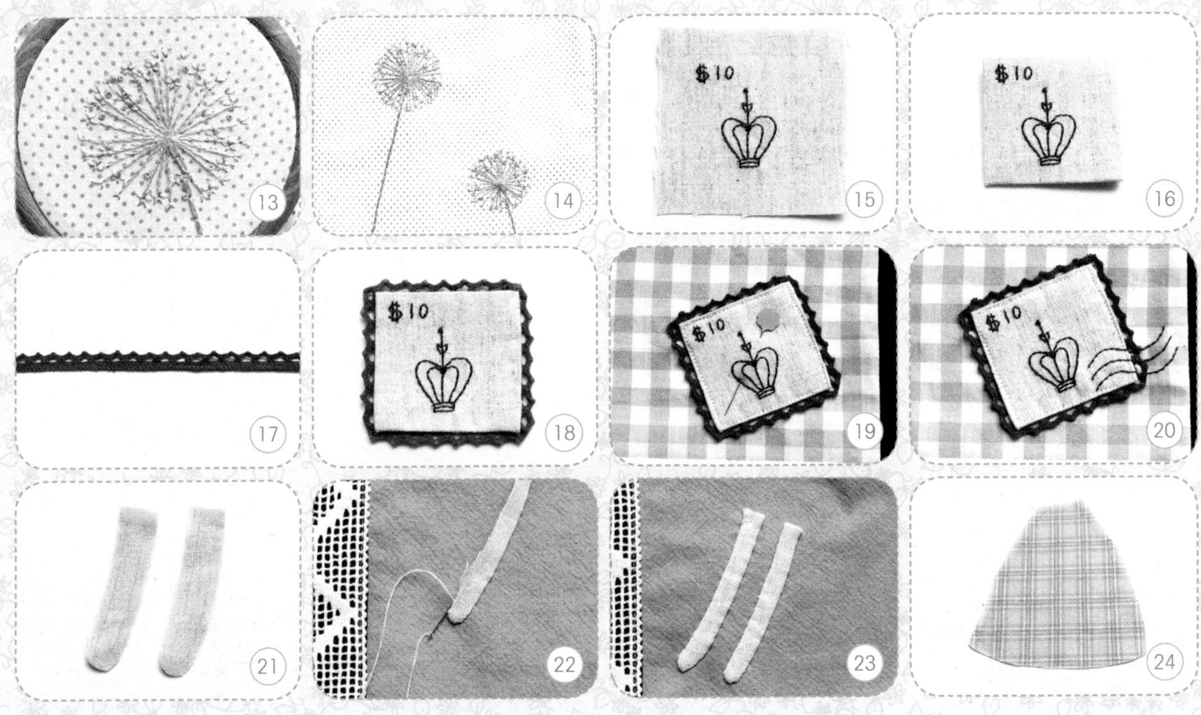

13.最后用结粒绣点缀其中增加画面的丰满感觉。
14.照图示绣好两枝当归花。
15.在绣片上用咖啡色的绣线回针绣绣出图案。
16.然后把布边照图示朝里折好。
17.准备一段咖啡色棉质花边。
18.把棉质花边固定在绣片的四周。
19.接着把绣片斜斜地固定在布料上。
20.车缝固定好之后再绣上三条弧线。
21.剪裁天使的脚需要的布料。
22.照图示用藏针缝把脚贴缝在底布上。
23.接着再贴缝好另一只脚。
24.剪裁米黄色格子布料做天使的裙子。

25.照图示一点点把裙子贴缝在布料上，并压住脚的布边。
26.贴缝好半裙。
27.边贴缝绿色围裙边固定一段装饰花边。
28.依照图示装饰好围裙。
29.剪裁贴缝手部需要的布料。
30.先贴缝好手部。
31.接着再贴缝上手臂。
32.接着贴缝上脖子。
33.剪裁贴缝翅膀需要的布料。
34.用藏针缝贴缝天使的翅膀在底布上。
35.照图示贴缝上一只翅膀。
36.剪裁另一片翅膀需要的布料。

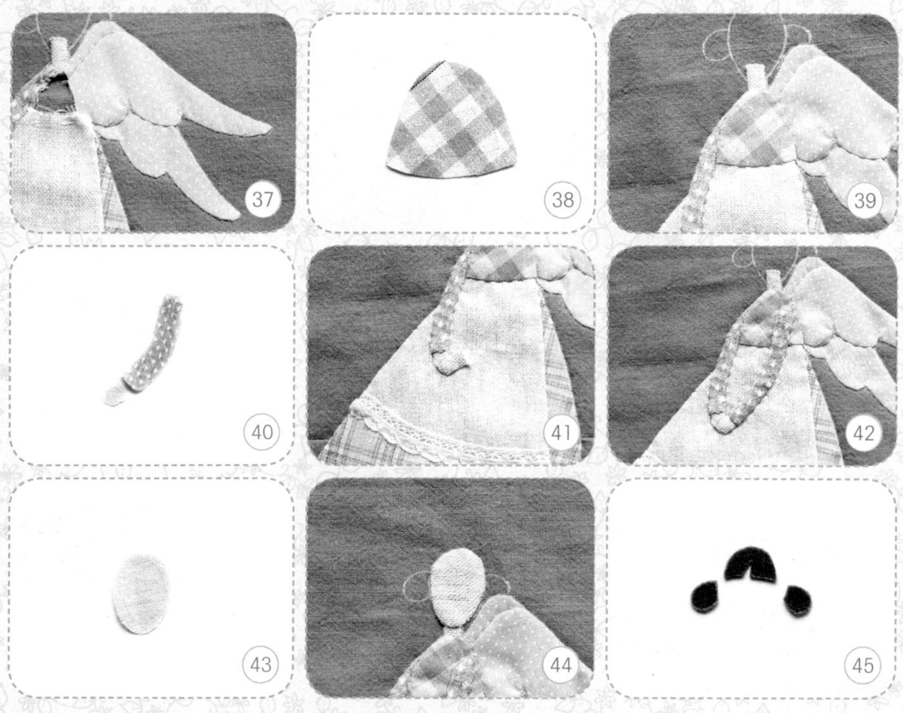

37.照图示贴缝好天使的翅膀。
38.剪裁贴缝身体需要的布料。
39.照图示把身体贴缝好。
40.剪裁贴缝右手需要的布料。
41.照图示先把手部贴缝好。
42.接着再把手臂贴缝好。
43.剪裁脸部需要的布料。
44.照图示先把脸部贴缝好。
45.接着用咖啡色的不织布剪裁天使的头发。

46.用咖啡色的绣线直针贴布绣把头发照图示贴缝好。
47.在天使的面部缝上两颗扣子作为腮红。
48.在天使的手上照图示绣上一枝小花。
49.拼贴好的地毯正面。
50.在咖啡色的布料上绣上："To see world in a grain of sand.And a heaven in a wild flower.Hold infinity in the palm of your hand.And etemity in a hour."字样。针法为回针绣。
51.剪裁一块本色的棉麻布料作为底布。
52.加一层铺棉一层底布留返口车缝好。
53.从返口处把地毯翻出来。
54.用藏针缝把返口处缝合好，一个小地毯就制作好了哦！

The carpet

二月女孩

还在念中学的时候，学校新闻文学社的社长写了一首《二月女孩》的诗送给我。我把他亲自绘制在木棉纸上的双面蝴蝶插画和一些零碎的纸片一起收藏在一本风格独特的笔记本里面。[illegible]的笔迹配上那幅画得很好的蝴蝶，[illegible]一个外国人[illegible]的流浪在我面前，晚我常常在课间把那本笔记本拿出来欣赏。也不知是不是太笨的了，也不知当时怎么放在[illegible]，有一天这些东西都被同学偷走了，现在我只能回忆起我那时[illegible]的情绪。只留着那本[illegible]的笔记本。丢了丢了，一切都不知去向了，我只依稀记得木棉纸上的蝴蝶是黄色的，我只记得那首诗叫做《二月女孩》，我只记得那个社长穿着白色衬衫。那些曾经存在的记忆，放在心底的是回忆的二月女孩。

girl born
february

girl bun
febru

girl born in
february
—— fan

二月女孩相框

所需材料：

木质相框一个，灰蓝底白水玉棉布，灰底白水玉棉麻，红色色织格子棉布，肉红色棉麻，米白棉麻，黑色不织布，黑色绣线（310），红色绣线（3831），肉色绣线（818），蓝色绣线（518），米白真丝，米白小米珠，红色小纽扣两颗。

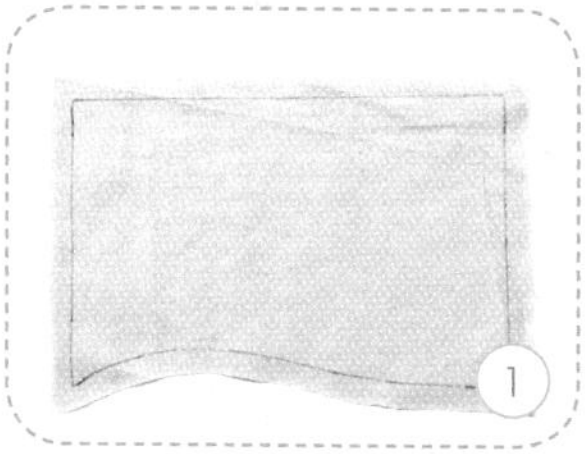

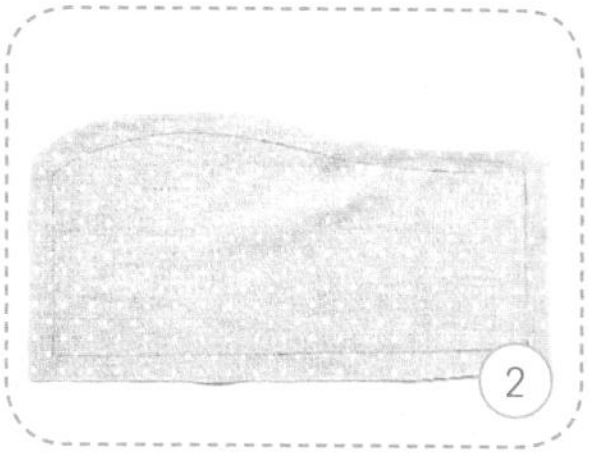

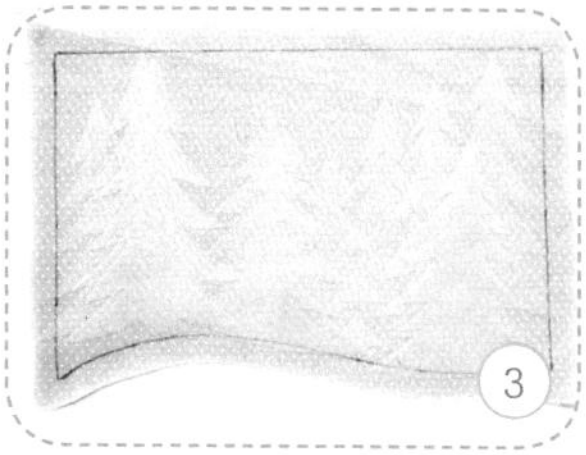

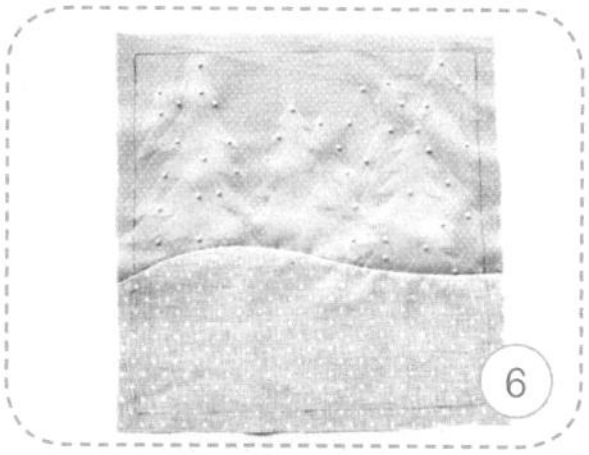

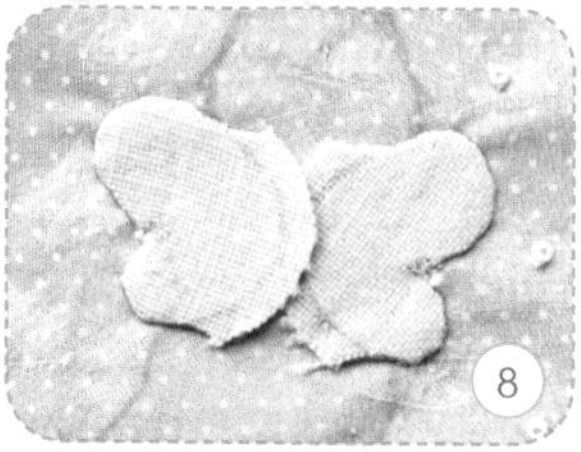

1 2 3 4

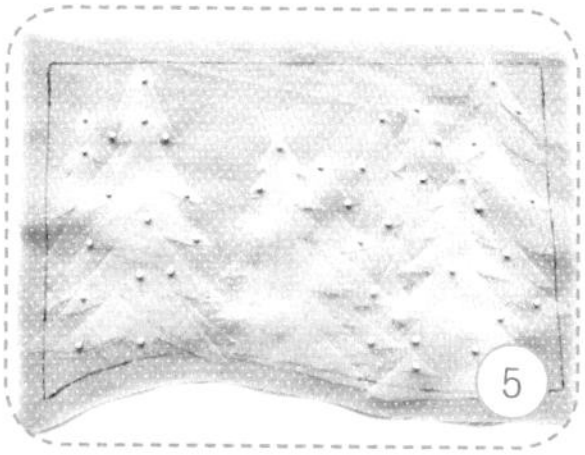

5 6 7 8

9 10 11 12

○ 制作过程

1.剪裁一块灰蓝色的布料。

2.剪裁一块灰色的棉麻。

3.在灰蓝色的布料上贴缝上米白真丝剪裁的圣诞树影子。

4.接着在圣诞树上装饰上小米珠。

5.装饰好小米珠的一片白色森林。

6.把上片与下片拼接起来。

7.剪裁翅膀需要的布料。

8.把翅膀贴缝在底布上。

9.剪裁天使的头发。

10.接着把天使头发贴缝在图示位置。

11.剪裁两只天使的脚。

12.依照图示把天使的脚贴缝好。

13.贴缝好的两只脚。
14.剪裁颈部需要的布料。
15.把布料折叠好。
16.依照图示方法把脖子贴缝好。
17.剪裁天使的衣服。
18.用藏针缝贴缝天使的衣服。
19.贴缝好了天使的衣服。
20.剪裁天使的面部需要的布料。
21.贴缝好天使的面部。
22.接着贴缝上刘海。
23.紧接着把头巾用直针贴布绣固定好。
24.细小的额发用黑色绣线填补好。
25.在娃娃脸部缝上两颗红色的扣子。
26.用红色绣线绣两个菊叶绣作为头巾的装饰。
27.用3831号绣线回针绣绣出手臂的轮廓。
28.接着用缎面绣开始填补。

29.照图示绣好两只手臂。

30.用818号绣线绣好天使的两只手。

31.用518号蓝色绣线轮廓绣绣出花枝。

32.接着用红色绣线结粒绣绣出果实。

33.最后用蓝色绣线回针绣绣出："girl born in february —jan"字样。

34.一幅可爱的绣图就制作好了。

35.准备一个木质相框。

36.把做好的绣图装裱在相框中间。

37.用美丽的蕾丝在相框上做一个蝴蝶结。

38.一件可爱的家居装饰相框就制作好了。

The
chimney

The
chimney

繁花灯罩

所需材料：

下口径为23cm，上口径为17cm，高长为25cm的米白亚麻灯罩一个。咖啡色格子棉麻，线号为966布料布料（绿色系）、3831（红色系）、422（黄色系）绣线各少许。肉粉色野木棉、淡绿色格子先染、花蕊配件、各种蕾丝各少许。

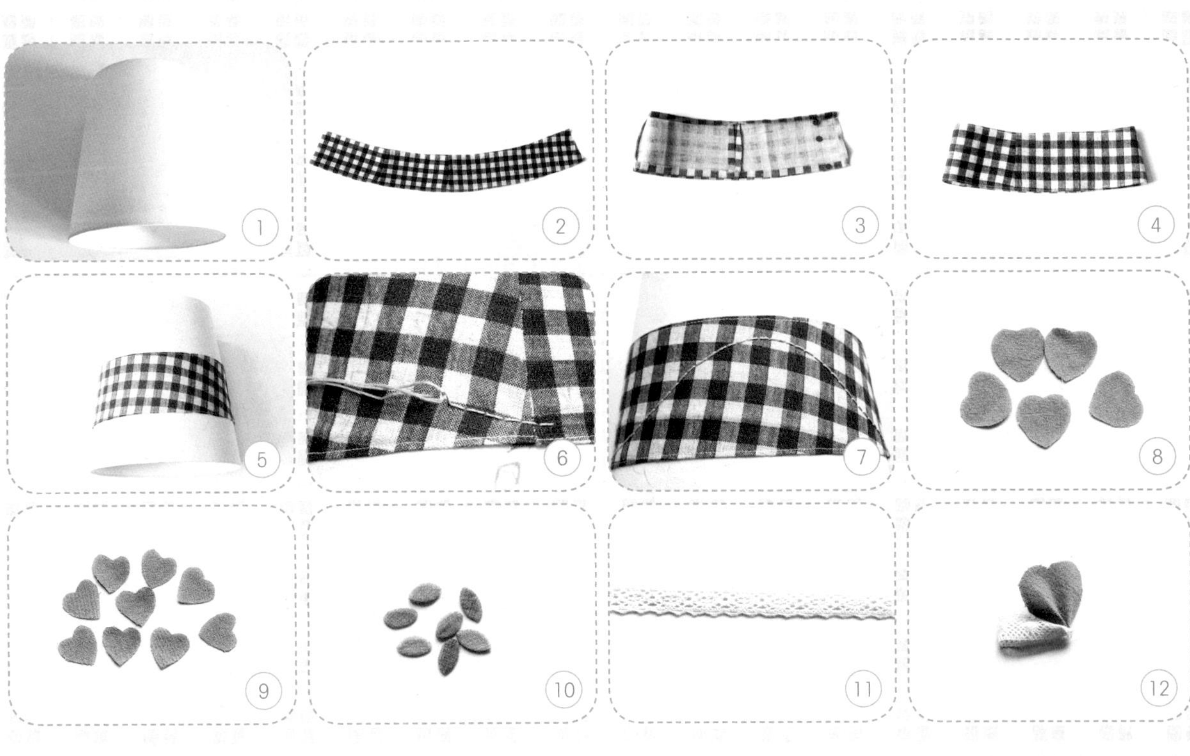

制作过程

1.准备一只下口径为23cm，上口径为17cm，高为25cm的米白亚麻灯罩。

2.依照纸模剪裁咖啡色格子棉麻布料两块。

3.照图示把两块布料拼接起来，做成一个布圈。

4.把做好的布圈翻到正面。

5.做好的布圈套在灯罩上。

6.用966（绿色系）绣线回针绣绣出花枝。

7.依照绣图绣好花枝。

8.用肉粉色野木棉剪裁花朵需要的大花瓣。

9.用肉粉色野木棉剪裁花朵需要的小花瓣。

10.依照做家居鞋上面叶子的作法制作绿色的叶子数片。

11.剪裁一段棉质蕾丝。

12.照图示把花瓣折好并与对折的蕾丝缝合在一起。

13.在花瓣的另一边再缝合一段对折好的蕾丝。
14.接着照图示再缝合一片折叠好的花瓣。
15.花朵的最底部需要四片花瓣四段蕾丝。
16.紧接着在第二层开始继续缝合花瓣。
17.照图示制作好第二层的花瓣。
18.剪裁一块正方形的蕾丝。
19.准备数根花蕊。
20.把花蕊照图示包裹在蕾丝中间。
21.接着把花蕊固定在先前制作好的花朵中间。
22.把花朵手缝固定在灯罩表面。
23.接着用回针绣把叶子固定在花枝上。
24.照图示固定叶片时只固定叶子的一半。

25.用小花瓣来制作小的花苞。
26.在先前的基础上继续缝合第二片花瓣。
27.最后缝合上第三片花瓣，使花朵呈现半开的状态。
28.在花芯中间固定一条对折的蕾丝。
29.用3831（红色系）绣线在图示位置出针。
30.紧靠花枝项端做一针直针绣。
31.紧靠第一针出针及入针。
32.用缎面绣绣好整个果实。
33.最后用422（黄色系）直针绣在果实顶部刺绣三针。
34.照图示绣好三个果实。
35.另外单独制作一朵花朵胶枪固定在灯座上。
36.一个简单的白色台灯就被装饰出来了。

Household
Shoes

しを楽しむハンドメイドマガジン
ある暮らしを楽しむハンドメイドマガジン
LECIEN
☆Color Basic☆

To see world in a grain of sa
And a heaven in a wild flowe
Hold infinity in the palm of yo
d etemity in a hour

Mercé Reaucoup

落花家居鞋

所需材料：

咖啡色格子棉麻，本色棉麻，咖啡色野木棉，深蓝色野木棉，肉粉色野木棉，麻底音乐布料，淡绿色格子先染，各种蕾丝各少许，花蕊配件，铺棉，织唛，PV塑料片，线号为966（绿色系）、3766（蓝色系）绣线各少许，织唛两块，红色印花棉麻缎带一段。

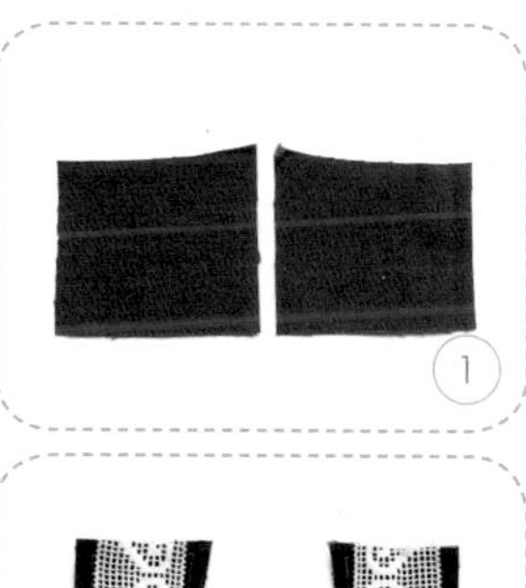
1

2

3

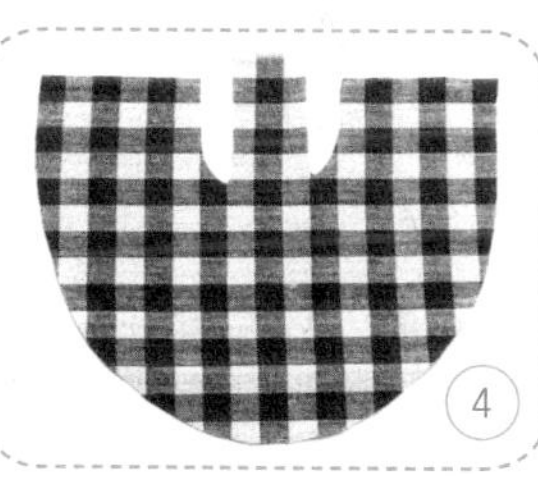
4

5

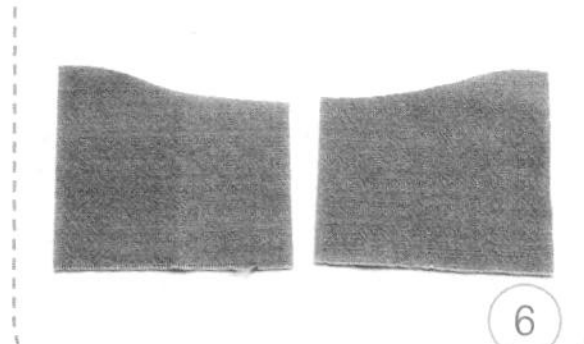
6

7

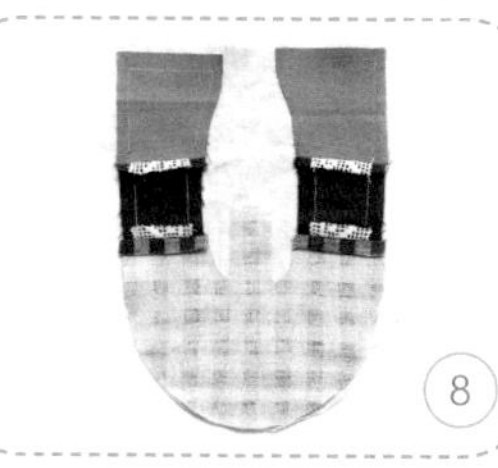
8

9

10

11

12

制作过程

1.用咖啡色野木棉剪裁两块图示形状的布料。
2.准备一段棉线编织的蕾丝。
3.照图示把蕾丝车缝固定在咖啡色底布上。
4.用咖啡色格子棉麻剪裁鞋头需要的布料。
5.接着把先前做好的两块布料拼接在鞋头两端。
6.用深蓝色野木棉剪裁两块脚后跟需要的布料。
7.照图示把蓝色布料拼接好。
8.加一层本色棉麻和一层铺棉照图示方法排列好。
9.留返口车缝好，并剪去多余的布边。
10.从返口处把鞋面翻出来。
11.依照纸模剪裁鞋内里需要的布料。
12.依照纸模剪裁两块鞋底需要的布料。

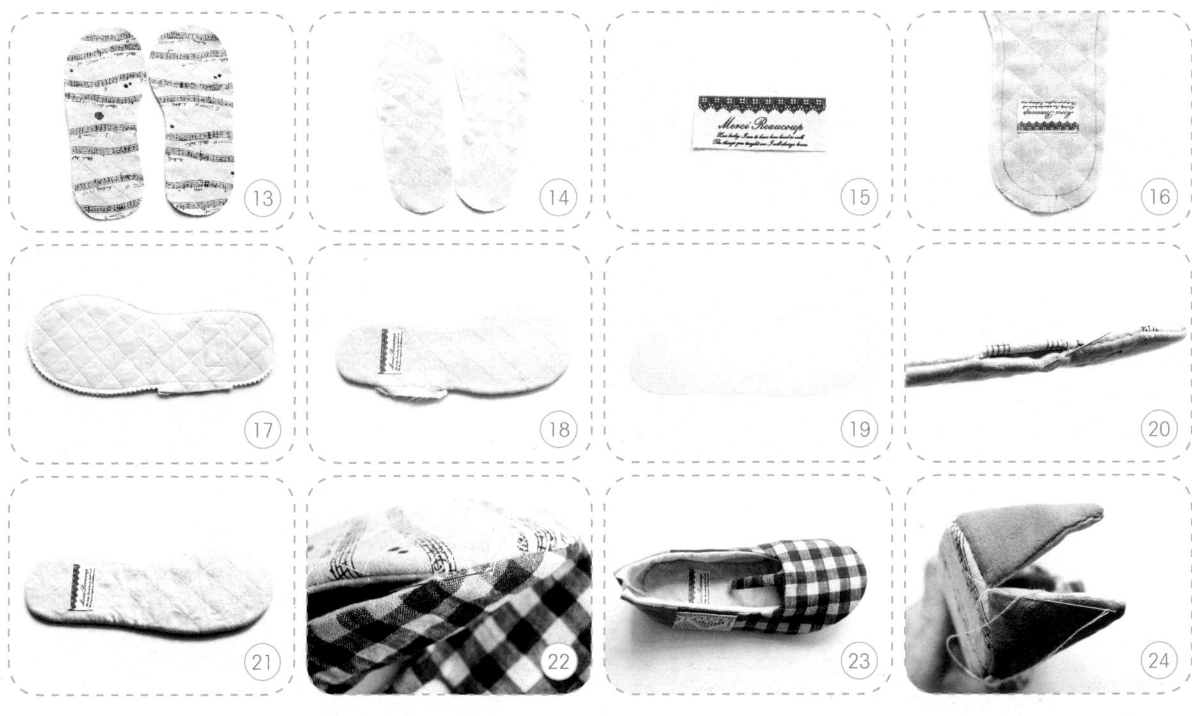

13.加铺棉为鞋底车缝好方格压线针迹。
14.为鞋的内里也加上铺棉车缝上方格压线针迹。
15.准备一块织唛。
16.把织唛车缝到鞋内里上。
17.接着加上先前做好的鞋底留返口车缝固定好。
18.从返口处把鞋底翻出来。
19.剪裁一块鞋底形状的PV塑料片。
20.从返口处把塑料片塞入。
21.接着用藏针缝把返口处缝合好。
22.然后用藏针缝把鞋面和鞋底拼接起来。
23.照图示拼接好鞋面和鞋底。
24.接着把脚后跟的两端用藏针缝缝好。

25.照图示缝好脚后跟的两端。
26.最后把两端手缝连接起来，一只鞋子的主体就制作好了。
27.用3766（蓝色系）绣线平伏针刺绣，沿着鞋边刺绣一圈。
28.剪一节红色印花棉麻缎带。
29.把缎带包裹在鞋跟后面。
30.剪裁宽度为2厘米，长度为14厘米的咖啡色布条一段。
31.车缝固定上一段花边。
32.把布条对折车缝好。
33.从返口处把布条翻出来。
34.照图示把布条固定在鞋面作为袢扣。
35.把鞋面的布条包裹住袢扣，并手缝固定好。
36.用966（绿色系）绣线回针绣绣出花枝。

37.用淡绿色格子先染剪裁叶子需要的布料。
38.加同样的底布车缝好。
39.布料背面剪一个返口，并把叶子翻出来。
40.照图示把叶子斜斜地固定在花枝上。
41.剪裁几片花朵需要的心形布料。
42.把心形布料折叠固定好。
43.剪裁一段花边。
44.照图示把花边对折紧靠花瓣固定好。
45.重复固定花瓣和花边，做一朵图示的花朵。

46.剪裁一块正方形的花边。
47.准备一些花蕊。
48.把花蕊固定在花边中间。
49.把做好的花蕊固定在花朵中间。
50.把做好的花朵固定在鞋面。一只家居鞋就制作好了。
51.用同样的方法制作好另一只鞋子，一双家居鞋就制作好了哦！

MOTHER'S
APRON

天鹅妈妈的围裙

[illegible]

SUCRE
THÉ
CAFÉ

天使妈妈的围裙

所需材料:

本色棉麻，皇冠印花棉麻，咖啡色的野木棉，大红色织棉布，深蓝野木棉，咖啡底点点水玉先染布料，淡绿棉麻，淡灰蓝底白水玉布料，米白底金色小水玉布料，棉质花边，肉红色棉麻，咖啡色格子棉麻，卡其色格子棉麻，红底白水玉先染棉布，红色小扣子，各色绣线各少许，星星扣子。

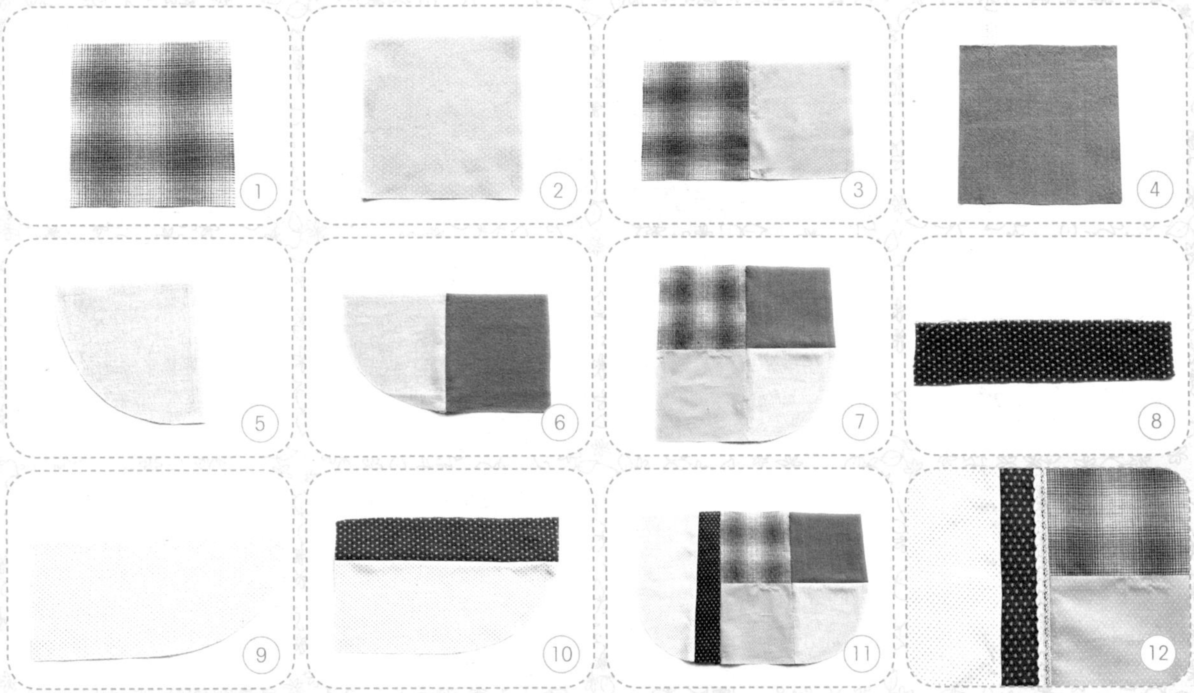

1 2 3 4 5 6 7 8 9 10 11 12

制作过程

1.剪裁一块大红色织棉布。
2.剪裁一块淡灰蓝底白水玉布料。
3.将两块布料拼接起来。
4.剪裁一块深蓝野木棉布料。
5.剪裁一块淡绿棉麻。
6.将两块布料拼接起来。
7.接着把拼接好的两块布料照图示拼接好。
8.剪裁一块咖啡色的野木棉。
9.剪裁一块米白底金水玉棉布。
10.将剪裁好的两块布料拼接起来。
11.接着照图示把布料拼接起来。
12.在咖啡色的布料边上车缝上一段米白色的花边。

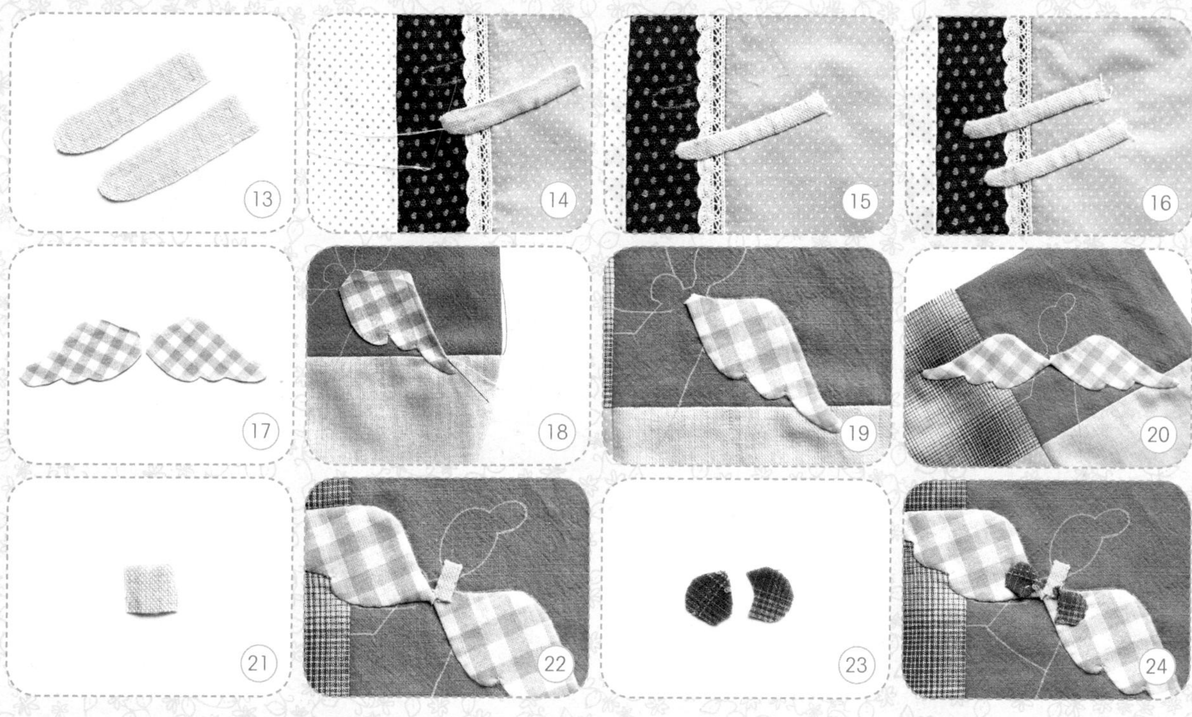

13.剪裁拼接脚部需要的布料。
14.用藏针缝贴缝天使的脚。
15.照图示贴缝好一只脚。
16.接着再贴缝上另一只脚。
17.剪裁贴缝翅膀需要的布料。
18.用藏针缝贴缝翅膀。
19.照图示贴缝上一只翅膀。
20.接着再用同样的方法贴缝另一只翅膀。
21.剪裁贴缝脖子需要的布料。
22.依照图所示贴缝上脖子。
23.剪裁泡泡袖需要的布料。
24.用藏针缝贴缝上两只袖子。

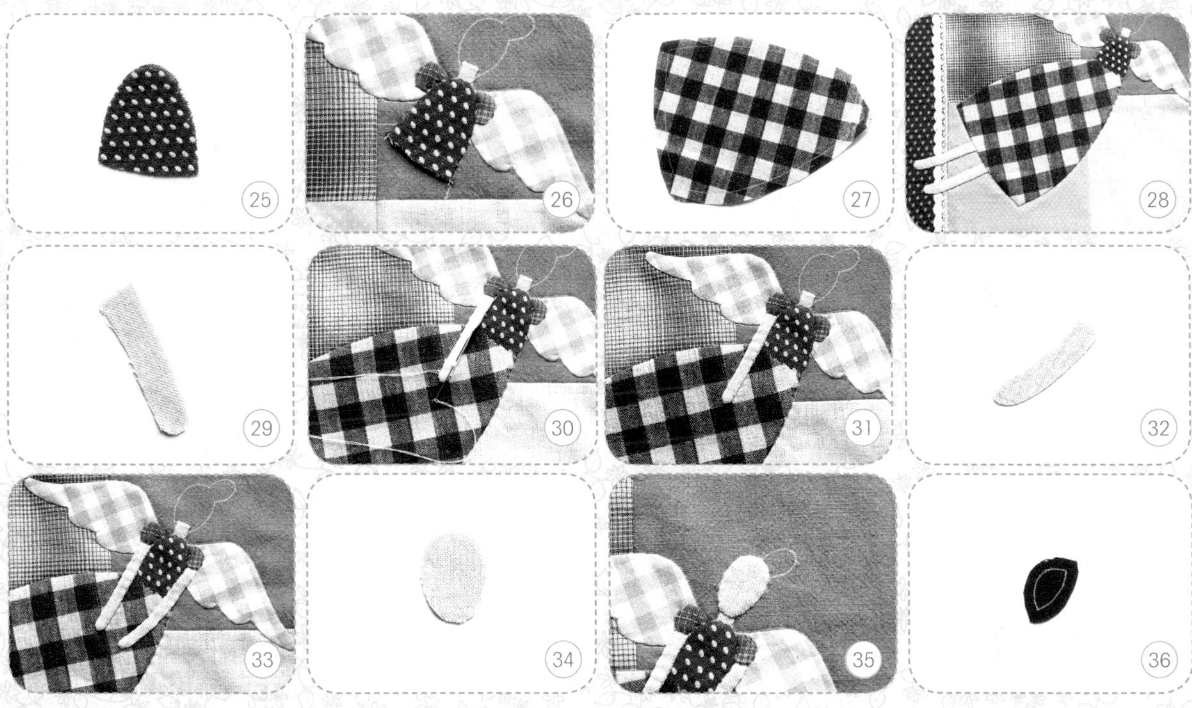

25.剪裁贴缝身体需要的布料。
26.依照图示贴缝天使的上身。
27.接着剪一块裙子需要的布料。
28.依照图示把裙子贴缝好。
29.剪裁手部需要的布料。
30.用藏针缝贴缝手部。

31.照图示贴缝好天使的一只手。
32.接着剪裁另一只手需要的布料。
33.仔细贴缝好两只手。
34.剪裁天使面部需要的布料。
35.照图所示贴缝好面部。
36.剪裁一块咖啡色的野木棉。

37.将剪裁好的布料用藏针缝贴缝。
38.照图示把刘海贴缝好。
39.剪裁丸子头需要的布料。
40.用藏针缝把丸子头贴缝好。
41.接着给天使绣上眼睛缝上腮红。
42.在米白色的布料上绣上花枝。
43.接着绣出叶片。
44.照图示绣好所有的叶片。
45.然后绣出花朵。
46.绣好的绣片展示。
47.剪裁一块本色棉麻作为里布。
48.加一层底布留返口车缝好。

49.从返口处把布料翻出来，用藏针缝缝合返口处。
50.做好的围裙口袋。
51.剪裁一块皇冠印花棉麻。
52.布边照图所示折叠并压花固定好。
53.把先前做好的口袋用藏针缝贴缝在皇冠布料上。
54.照图所示贴缝好口袋。
55.剪裁宽度为5cm，长度为40cm的布条两根。
56.把布条对折车缝好。
57.依照图示加固固定好布带在围裙两端。
58.围裙就制作好了。
59.最后固定上一颗星星扣子做装饰进行点缀。

野花刺绣

所需材料:

米白底金色小水玉棉布，线号为989（绿色系），503（绿色系），3348（绿色系），761（红色系），3831（红色系），3031（咖啡色系）绣线各少许。

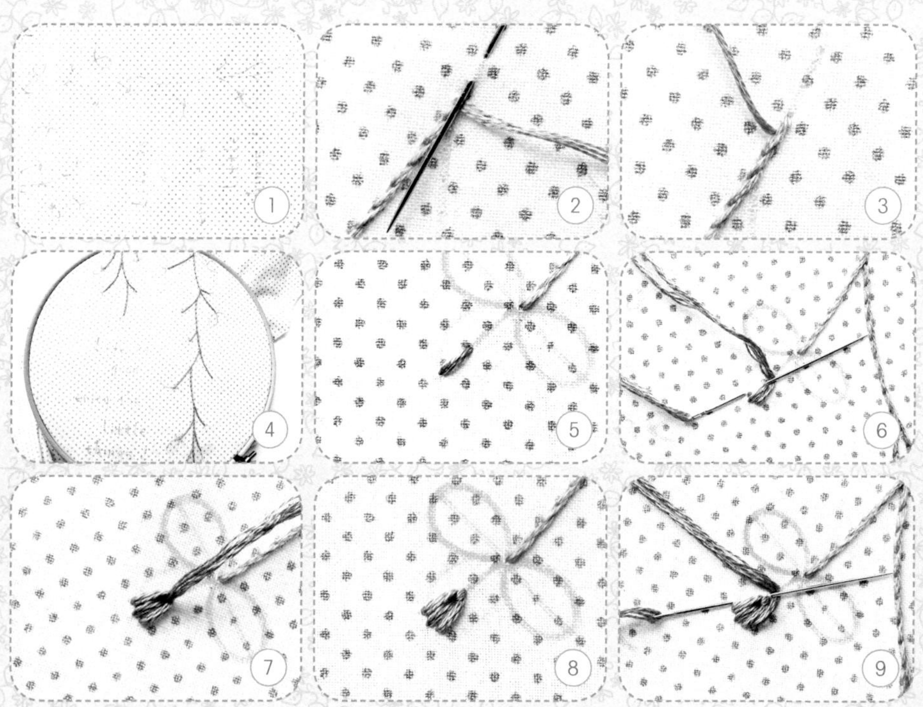

制作过程

1.在布面上画上需要刺绣的图案。
2.用989号绣线轮廓绣绣出花枝。
3.出线点在前一针的中间底部。
4.先把花枝都刺绣好。
5.用503号绣线在布面做一针直针绣。
6.照图示用开放的菊叶绣包裹住前一针。
7.紧靠第一针把线圈套住并把线拉出。
8.入针把线圈固定住。
9.接着紧靠第二针再做开放式的菊叶绣。

10.把线圈照图示固定好。
11.循环先前的针法直到把一片叶子绣满。
12.照图示绣好三片并列的叶子。
13.绣好花枝上所有的叶片。
14.用761号绣线在花枝顶端出针。
15.照图示做一针菊叶绣。
16.菊叶绣的叶片照图所示绣得蓬松一点。
17.接着用3831号绣线在菊叶绣的中间出针。
18.接着在图示位置入针。

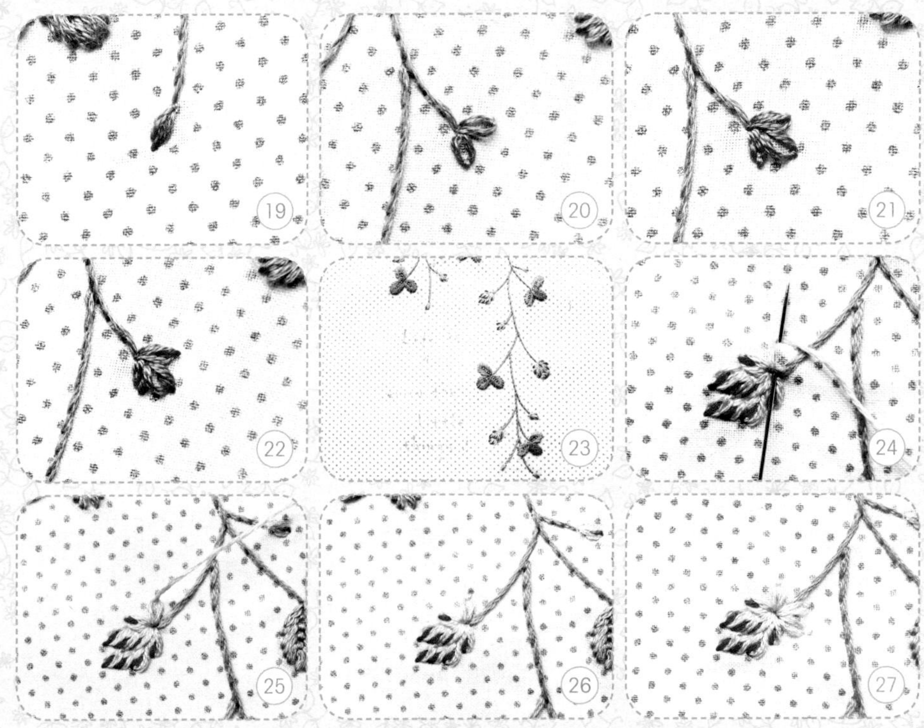

19.把线拉入底部。

20.接着在另一花枝顶端绣两片并列的菊叶绣。

21.在中间穿插一片菊叶绣。

22.照图示把中间红色的花蕊绣好。

23.绣好所有的花朵。

24.接着用线号为3348的绣线在花托位置绣菊叶绣。

25.做一个小椭圆并把线圈套住拉出。

26.入针固定好一个叶片。

27.在花托位置绣三片叶子。

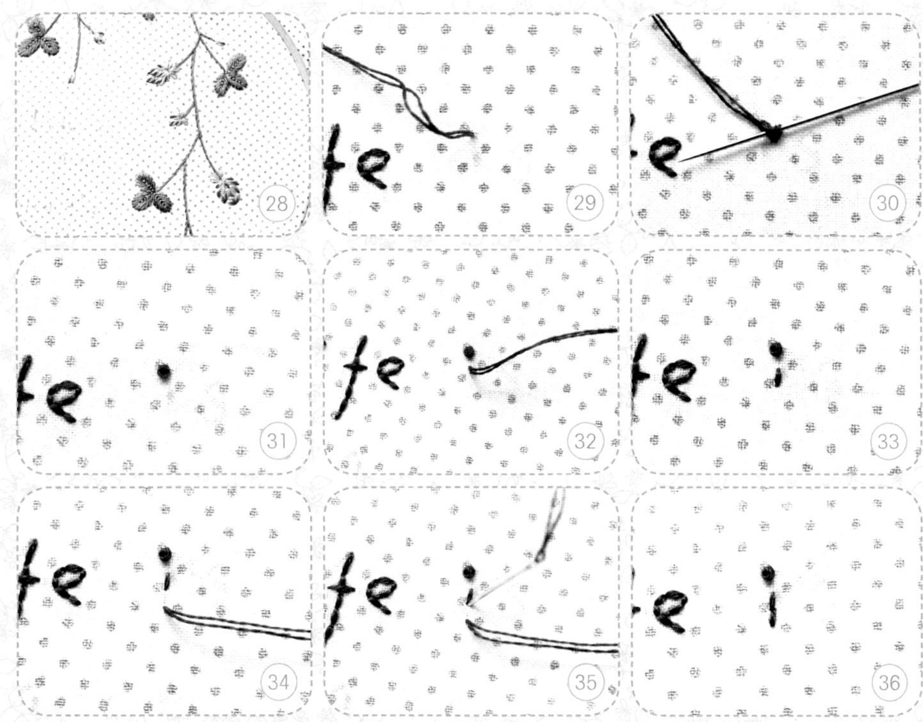

28.绣好所有花朵的花托。
29.用3031号绣线在布面出针。
30.紧靠布料在针上绕线一圈。
31.把绕了线的针拉入布底，一针法国结粒绣就做好了。
32.接着靠近结粒绣出针。
33.做一针直针绣。
34.在直针绣正对面出针。
35.紧接前一针尾部入针。
36.把线拉入布底，回针绣就制作好了。
37.照图示绣好英文字母，一幅野花刺绣就制作好了。

Lucky
grass

爱的围裙，幸运的童年

天使般的爱心……

Lucky grass 幸运草的童年围裙

MOTHER'S
APRON

roses love sunshine
violets love dew
angels in heaven know I love you
know I love you, dear
know I love you
angels in heaven know I love you
CAFE

幸运草的童年围裙

所需材料：

藏蓝色格子棉布，红色格子棉布，天蓝色棉麻，灰绿色先染格子棉布，咖啡色先染格子棉布，灰蓝底白色小水玉棉布，淡绿色先染格子棉布，米白底金色小水玉棉布，咖啡底小十字棉布，米黄先染格子棉布，大红色先染格子棉布，渐变绿色先染棉布，红色套娃棉麻，塑料暗扣一副，线号为989（绿色系），BLANC（白色系）、838（咖啡色系）、3831（红色系）绣线各少许，拼贴用小碎布各少许，红色小扣子两颗，白色扣子一颗。

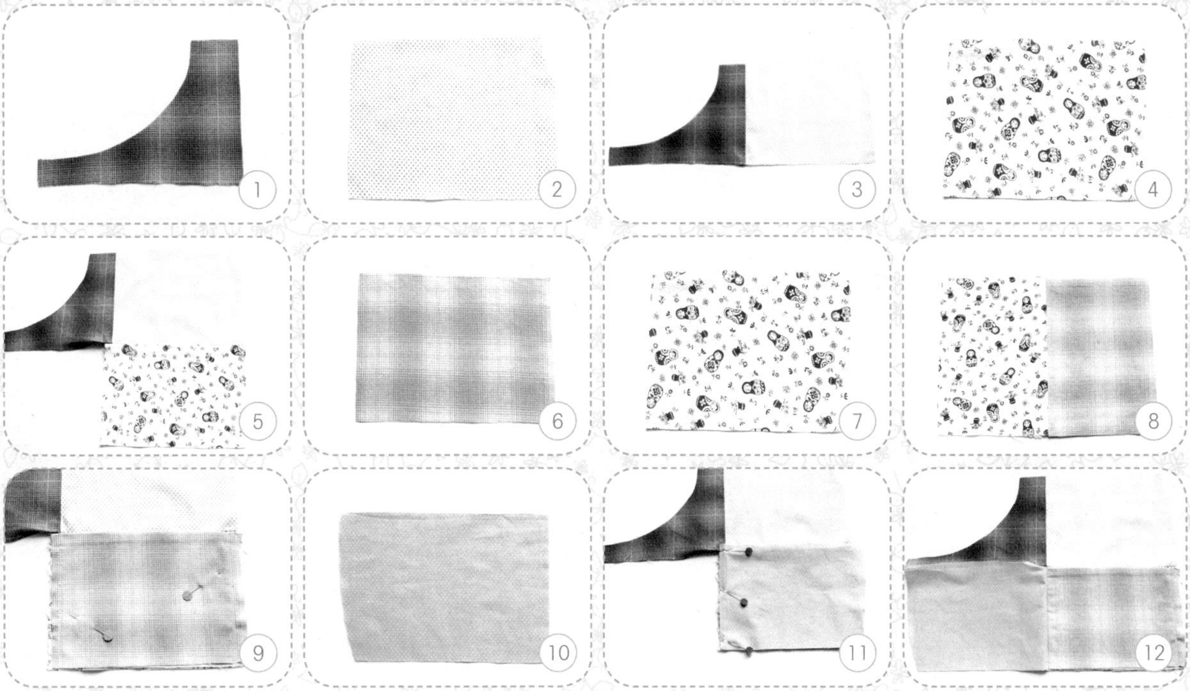

1 2 3 4

5 6 7 8

9 10 11 12

○ 制作过程

1.依照纸模剪裁一块咖啡色先染格子布料。
2.依照纸模剪裁一块米白底金色小水玉棉布。
3.把两块布料照图示拼接好。
4.剪裁一块红色套娃棉麻。
5.把套娃棉麻与米白底金色小水玉棉布相拼接。
6.剪裁一块淡绿色先染格子布料。
7.剪裁一块与淡绿色格子布料一样大小的另一块布料，用作里布。
8.把两块布料拼接起来。
9.把拼接好的布料对折照图示固定好。
10.剪裁一块灰蓝底白色小水玉棉布。
11.照图示把蓝色布料与先前的布料固定好。
12.把车缝固定好的布料翻到正面。

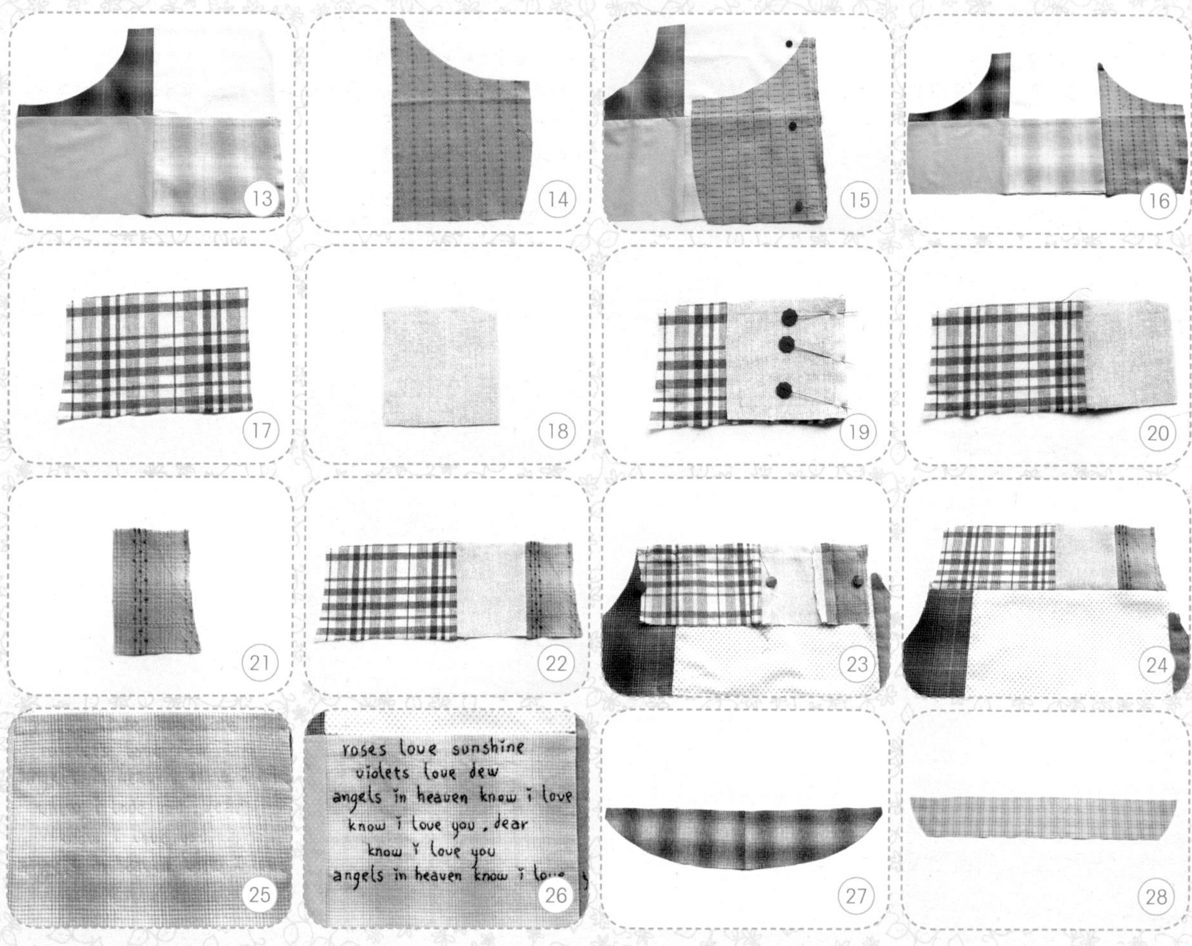

13.接着再把蓝色布料与咖啡色布料拼接好。
14.剪裁一块咖啡底小十字棉布。
15.把布料与先前的布料固定在一起。
16.把拼接好的布料展开。
17.剪裁一块红色格子棉布。
18.剪裁一块天蓝色棉麻。
19.把剪好的两块布料用固定针固定住。
20.把拼接好的布料展开。
21.剪裁一块灰绿色先染格子棉布。
22.把剪裁好的棉布与先前拼接好的棉布拼接起来。
23.把做好的布条拼接在围裙上方。
24.把拼接好的布料展开。
25.在绿色布料上写上："roses love sunshine,violets love dew.angels in heaven know I love you.know I love you ,dear .know I love you ,angels in heaven know I love you."字体。
26.用838（咖啡色系）绣线回针绣绣出字母、3831（红色系）绣线直针绣绣出红色小心。
27.剪裁一块如图形状的大红色先染格子棉布。
28.剪裁一块米黄先染格子棉布。

29.把剪裁好的两块布料固定在一起。
30.缝合好两块布料。
31.最后把布料与围裙拼接起来。
32.用渐变绿色先染棉布剪出小小的心形布料。
33.加一层底布车缝好，布边用花边剪剪去。
34.用小剪刀在背面剪一个小开口。
35.从返口处把心形翻出来。
36.做十二片心形的叶子。
37.用989（绿色系）绣线回针绣绣出花枝。
38.照图示回针绣把叶子固定好。
39.接着用BLANC（白色系）绣线法国结粒绣绣出白花三叶草的花朵。
40.照图示做好围裙上的装饰。
41.剪裁蓝色格子布料用作翅膀。
42.加一层里布车缝固定好。
43.从北面的返口把翅膀翻出来。
44.用固定针把翅膀固定在底布上。

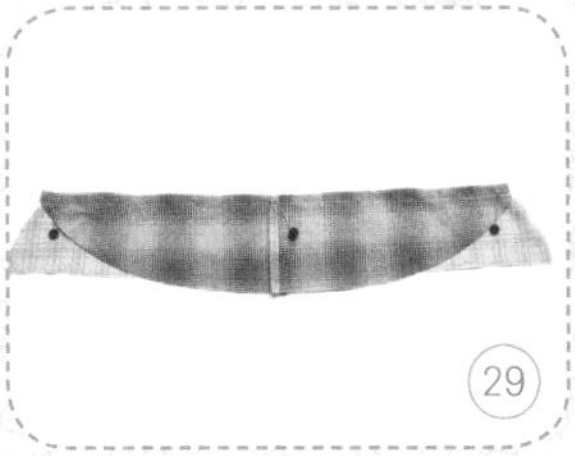

29 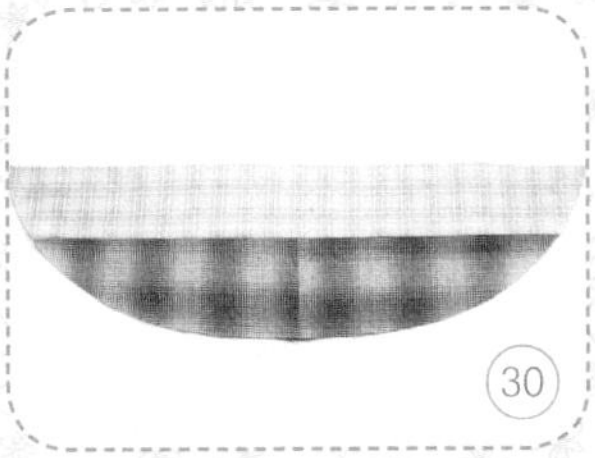 30 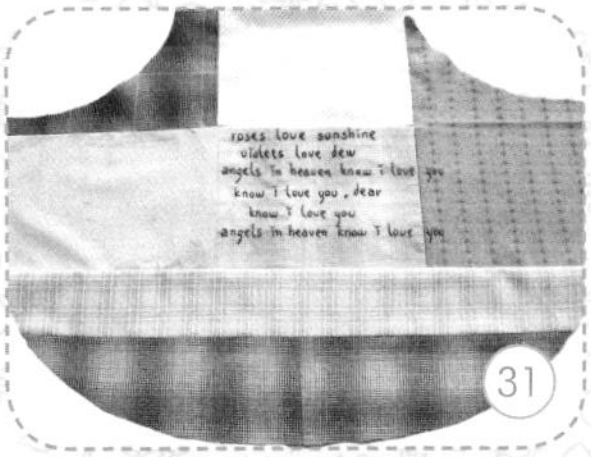 31  32

33  34  35  36

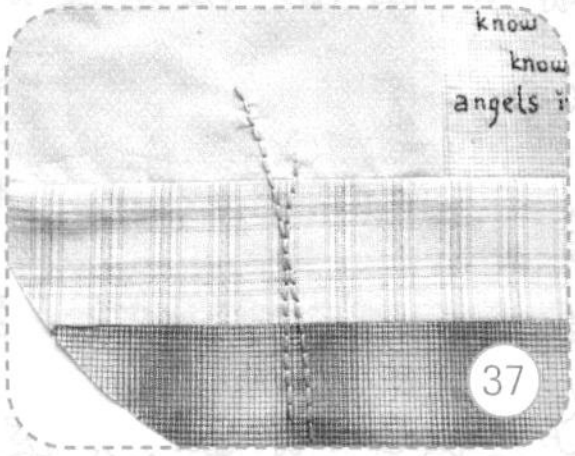

37  38  39  40

41  42  43 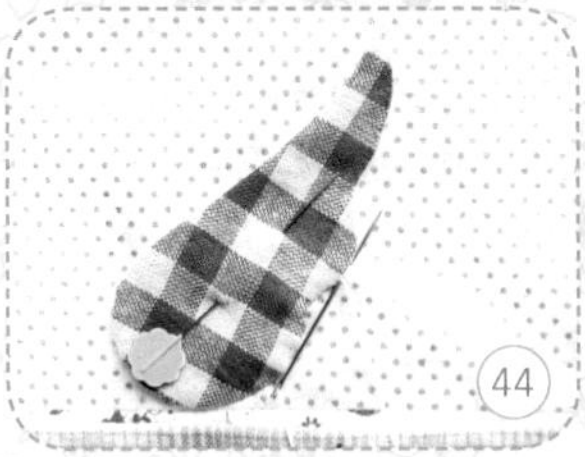 44

45.用藏针缝把两个翅膀贴缝好。
46.剪裁拼贴手需要的布料。
47.照图示把手部贴缝好。
48.剪裁贴缝袖子需要的布料。
49.照图示把袖子也贴缝好。
50.剪裁一块红色布料用于天使的衣服。
51.用藏针缝贴缝红色的布料。
52.照图示把红色布料贴缝好，注意要压住袖子和手臂的布边。
53.接着剪裁脸部的布料。
54.把头部斜斜地贴缝在天使身体上方。
55.用直针绣直接绣出娃娃的眼睛。
56.接着给天使缝上红色的小扣子作为腮红。
57.用咖啡色绣线回针绣绣出头发的轮廓。
58.接着用缎面绣把头发填满。
59.在天使头部刺绣两个十字绣。
60.接着再做三个结粒绣。

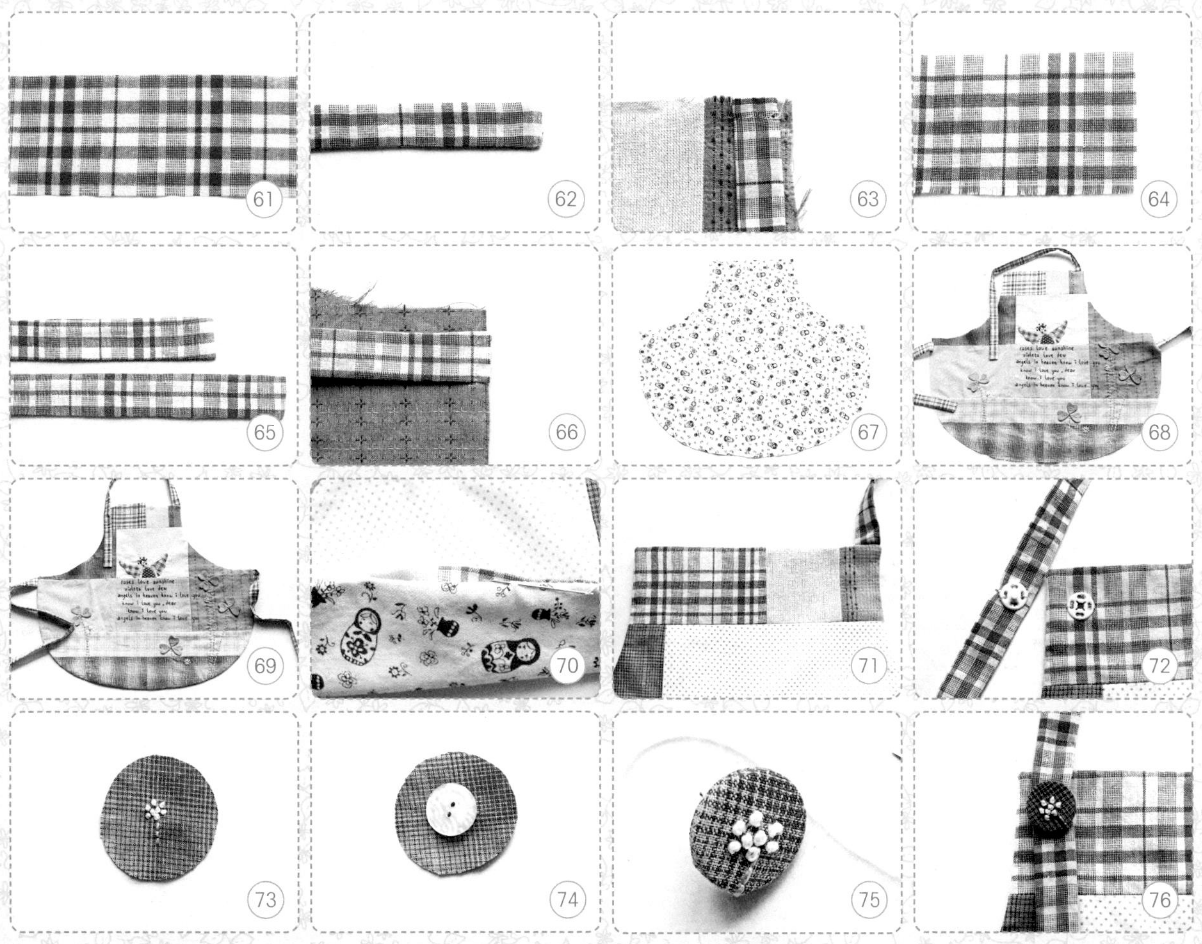

61.剪裁宽度为4cm，长度为48cm的蓝色布条一根。（未含缝份）
62.对折布条车缝好，再翻出来。
63.把车缝好的布条固定在图示位置。
64.剪裁两段宽度为4.5cm，长度为45cm的红色布条。
65.照图示做好两根布条。
66.把红色布条车缝在围裙的两端。
67.剪裁一块红色套娃棉麻用作围裙的里布。
68.做好的围裙正面。
69.把车缝了里布的围裙从返口处翻出来。
70.把返口处的布边朝里折并用藏针缝缝合好。
71.缝合好返口的围裙边。
72.照图示位置缝上一对塑料暗扣。
73.在咖啡色布料上绣上一朵小花。
74.准备一颗白色的扣子，用咖啡色布料包裹住白色扣子。
75.尾部用线缠紧。
76.将做好的扣子固定在围裙上，一条儿童围裙就制作好了。

Beautiful Quilt

春天的祖母花园

冬天的积雪还没有融化的时候，我的祖母就开始为她的花园忙碌准备着。各种颜色的风信子球根都分装在加了牛皮纸小标签的透明罐子里面，有一些颜色艳丽的球根，比如说那颗紫色的，未来将会是淡粉紫的可爱小花朵。有一些散颗粒的小花籽还在细长玻璃瓶子里面沉睡，不知道会不会在将来盛开的花朵里面长出小仙女？薄荷和紫苏的种子散发出迷人的淡淡香味，虞美人的小种子，祖母总是在收割种子的时候撒一些在刚出炉的面包上，现在她们静静待在陶瓷小罐子里。小茴香和莳萝，分别沉睡在盛了酱的玻璃罐子里……很小的时候就喜欢在祖母的花园里闻花香并且收藏花种子，这是一季新的春天，祖母的鲜花种子又将再一次种在六边的花盆里，种出新的一季的温馨和浪漫出来。

Together with lady to
embroidery
in the valley
the
valley so low
your head over
the wind blow
head over
wind blow

大大的棉被、软软的床
呵呵,幸福的安乐小窝！
LOVE MY FAVORITE LOVE MY FAVORITE LOVE MY FAVORITE

祖母花园大被子

所需材料：

硬纸板（用作纸模），米白色、粉色条纹、绿色格子、灰蓝底小玫瑰花枝、西瓜红格子、淡紫色格子、淡黄底蓝色水玉、灰底白水玉、绿色小格子、西瓜红水玉、灰绿底白水玉、灰蓝底白水玉（同时用于包边布料）、粉底粉红水玉等布料各少许。

○ 制作过程

1.照图示制作数个六边形的纸模。

2.依照纸模剪裁需要的布料，布料的布边大于纸模0.7cm。

3.用手缝针把布料包裹住纸模，并固定好。

4.固定好了布边的六边形布块。

5.制作好的布块正面要求六个角的顶端都是整齐的。

6.制作五颜六色的六边形布块。

7.用藏针缝连接两块布料。

8.拼接好的两块布料，注意直线的顶端和结尾要密切重合。

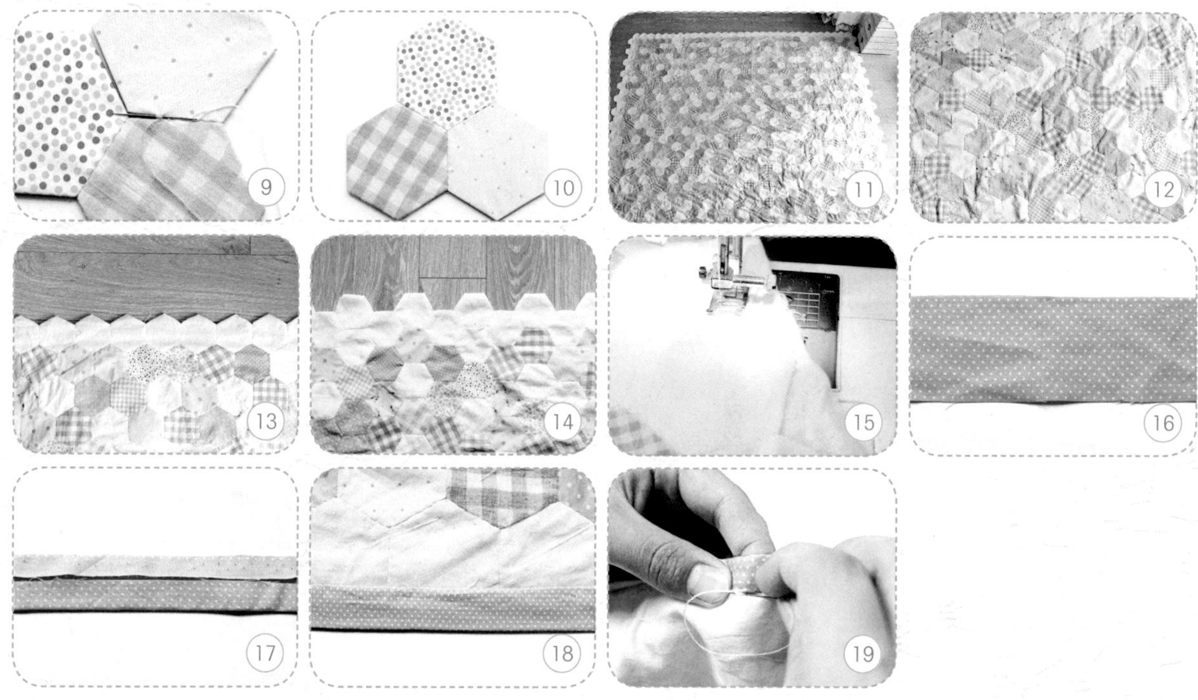

9.接着再用藏针缝连接另外的六边形布块。

10.连接好的三个六边形布块。

11.照图示做好一个你所需要的尺寸的大布块。并把背面的硬纸模拿掉。

12.拼接好的布料近景图片，注意角与角之间的拼接。

13.六边形拼接好之后，有一边布料呈现的样子（如图所示）

14.六边形拼接好之后，另一边布料呈现的样子（如图所示）

15.在布料下面铺一层铺棉，再放置于缝纫机下进行车缝。

16.剪裁宽度为五厘米的布条一根，长度根据你所制作的被子的尺寸灵活决定。

17.用熨斗把布条熨烫成图示形状。

18.接着车缝布条在被子正面。

19.然后把布条的另一边紧贴在被子背面，一个祖母花园被子就制作好了。

《Jan's Zakka风手作》、
《Jan's 乡村风手作》、
《Jan's 北欧风手作》、
《Jan's 童话风手作》即将出
版，敬请关注！

图书在版编目(CIP)数据

美丽布生活.1/廖娟著. —重庆：重庆出版社，2012.6
ISBN 978-7-229-05271-3

Ⅰ.美… Ⅱ.廖… Ⅲ. ①布料-手工艺品-制作
Ⅳ. ①TS973.5

中国版本图书馆CIP数据核字（2012）第124012号

美丽布生活1
MEILI BU SHENGHUO 1

出 版 人　罗小卫
责任编辑　杨　帆　夏　添
责任校对　李小君
封面设计　刘　洋
版式设计　刘　洋　杨　帆　夏　添

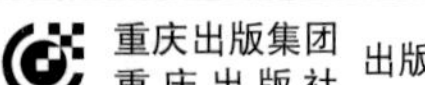
重庆出版集团
重庆出版社 出版
重庆长江二路205号　邮政编码：400016　http://www.cqph.com
重庆市金雅迪彩色印刷有限公司印制
重庆出版集团图书发行有限公司发行
E-MAIL:fxchu@cqph.com　邮购电话：023-68809452
全国新华书店经销

开本：787mm×1 092mm　1/24　印张：$5\frac{1}{3}$
2012年6月第1版　2012年6月第1次印刷
印数：1—7 000
ISBN 978-7-229-05271-3
定价：29.00元

如有印装质量问题，请向本集团图书发行有限公司调换：023-68706683